· 生物资源与利用丛书 ·

WUHUA SANHUANGJI PINZHONG TEXING
JI ZIYUAN BAOHU LIYONG YANJIU

五华三黄鸡品种特性
及资源保护利用研究

◎钟　鸣　李威娜　黄勋和　等著

暨南大学出版社
JINAN UNIVERSITY PRESS

中国·广州

图书在版编目（CIP）数据

五华三黄鸡品种特性及资源保护利用研究/钟鸣，李威娜，黄勋和等著 . —
广州：暨南大学出版社，2017. 12
（生物资源与利用丛书）
ISBN 978 - 7 - 5668 - 2249 - 9

Ⅰ. ①五…　Ⅱ. ①钟…②李…③黄…　Ⅲ. ①肉鸡—品种特性—研究②肉
鸡—资源保护—研究③肉鸡—资源利用—研究　Ⅳ. ①S831. 92

中国版本图书馆 CIP 数据核字（2017）第 273129 号

五华三黄鸡品种特性及资源保护利用研究
WUHUA SANHUANGJI PINZHONG TEXING JI ZIYUAN BAOHU LIYONG YANJIU
著　者：钟　鸣　李威娜　黄勋和　等

出 版 人：徐义雄
责任编辑：李　艺
责任校对：黄　颖
责任印制：汤慧君　周一丹

出版发行：暨南大学出版社（510630）
电　　话：总编室（8620）85221601
　　　　　营销部（8620）85225284　85228291　85228292（邮购）
传　　真：（8620）85221583（办公室）　85223774（营销部）
网　　址：http：//www. jnupress. com
排　　版：广州市天河星辰文化发展部照排中心
印　　刷：佛山市浩文彩色印刷有限公司
开　　本：787mm×960mm　1/16
印　　张：11
字　　数：201 千
版　　次：2017 年 12 月第 1 版
印　　次：2017 年 12 月第 1 次
定　　价：35. 00 元

（暨大版图书如有印装质量问题，请与出版社总编室联系调换）

前　言

　　五华三黄鸡属小型肉用品种，主要分布于广东省梅州市五华县中部和北部（即华城、岐岭、潭下、转水、横陂、双华、棉洋等地）。该品种具有悠久的历史，长期以来在生态环境自然选择下世代衍生形成了独特的生物学特性，是《中国禽类遗传资源》和广东省梅州市地方志中记载的地方鸡种。

　　据调查，在1964—1982年近20年间五华三黄鸡一直被作为商品销往中国香港及东南亚等地。1983年后，受石岐鸡的冲击，五华三黄鸡一度陷入养殖、销售低谷，而且品种特性有些混杂，加上生长速度慢（150d达0.9～1.1kg）、饲养周期长，农户零星散养量少，难以增收致富，一度未被养殖户和政府重视。2003年，梅州市政府相关部门推出了保种复壮计划，在世博会上展出。嘉应学院生命科学学院、梅州市畜牧兽医局、五华县畜牧兽医局在地方政府相关部门的配合下，充分利用各种有利资源和条件开展了畜禽地方品种的保护工作以及扩大品种资源等方面的前期研究工作。

　　自20世纪70年代末以来，除石岐鸡的冲击以外，先后多批引进国内外其他肉用鸡品种，也在一定程度上使五华三黄鸡的优良种质基因受到影响，出现混杂，加上饲养方法落后，极大地制约着五华三黄鸡向产业化、规模化方向的发展。此前对于五华三黄鸡品种特性、遗传多样性等系统的研究尚属空白，其资源保护研究与应用未见系统报道，为了开展对五华三黄鸡的生物学特性及生理生化指标正常值的测定研究，进一步了解五华三黄鸡的资源状况，制定品种标准，确定品种优势，更好地保护和利用这一珍贵的品种资源提供基础性的资料和数据，作者在前期研究工作的基础上，开展可行性研究论证，2010年获广东省教育部产学研结合项目（编号：2010B090400248）资助；2011年获广东省产业技术研究与开发资金计划项目（编号：2011B060400001）资助；2012年获广东省自然科学基金项目（编号：S2012040007491）资助；2015年获广东省科技计划项目（编号：2015A020208020）资助；2011年获梅州市产业技术研究与开发资金计划项目（梅市科〔2012〕14号）资助。从2008年10月开始，课题组成员就已进行了前期的研究工作，为了顺利系统地开展此项调查研究工作，2009年正式成立"五华三黄鸡品种特性及资源保护利用研究"研究团队，通过查阅文献、项目申报、组织实施和课题总结，开展对五华三黄鸡品种特性、品种纯度的快速分子鉴定技术及遗传多样性和遗传资源保护与应用研究，通过对五华三黄鸡的资源现状与数量的调查，找出其分布的中心，提出保护的措施和建议。按照研究内容和计划全面地开展了此项研究，取得了一定的成果。

（1）率先开展五华三黄鸡生物学特性研究，确定外形标准。五华三黄鸡体质结实，体躯略宽、较深，背部和龙骨平直，尾羽较短而翘起，呈黄白色。喙较短、稍弯，呈黄色。单冠，色鲜红。眼中等大小，有神，虹彩橘红色。全身羽毛纯黄色，尾羽、翼羽有的色稍浅，但无其他斑点，这是与其他三黄鸡的显著区别。养殖多年的母鸡羽毛颜色会变淡，而公鸡羽毛颜色会加深。主翼羽紧贴身躯，腿部羽毛厚而松，呈球状凸出。该鸡种可分无胡须和有胡须两种类型：无胡须者头较小，冠、肉髯、耳叶较厚而大；有胡须者耳较薄而小。皮肤、胫、趾均为黄色。属小型肉用品种。

（2）首次开展五华三黄鸡生产性能研究，经检测，五华三黄鸡210日龄公鸡均重为1 563.89g，母鸡均重为1 190.42g，日增重有两个峰值分别是49日龄的7.17g和90日龄的8.83g。相应的绝对增重也在90日龄和150日龄有两个峰值，分别达到215g和265g，相对增重则在60日龄达到最高峰123.14%。由此说明，五华三黄鸡的生长高峰期在60～150日龄之间，生长高峰较迟，生长速度缓慢，周期长。屠宰率，公鸡为89.62%，母鸡为92.62%；半净膛率，公鸡为82.76%，母鸡为77.74%；全净膛率，公鸡为70.72%，母鸡为63.94%；肌肉pH值6.1、腿肌粗蛋白质含量，公鸡为26.90%，母鸡为25.86%；腿肌粗脂肪含量，公鸡为1.58%，母鸡为2.47%；150～160日龄开产，年产蛋数为155个，受精率90%，孵化率85%，健雏率94.3%。

（3）初步开展五华三黄鸡生理特性研究，在进行五华三黄鸡品种特性研究的同时，初步测定了五华三黄鸡血常规和血清的各项生理生化指标，血常规的指标包括红细胞（RBC）、白细胞（WBC）、血小板（PLT）、红细胞压积（HCT）、血红蛋白浓度（HGB）、平均红细胞体积（MCV）六个指标，结果见表1。

表1　五华三黄鸡的血液血常规参数

项目	RBC (10^{12}/L)	WBC (10^9/L)	PLT (10^{11}/L)	HCT (%)	HGB (g/L)	MCV (FL)
均值	5.26 ± 0.18	4.52 ± 0.24	3.07 ± 0.13	40.46 ± 3.11	119.7 ± 8.24	131 ± 8.65

血清生理生化指标包括总蛋白（TP）、碱性磷酸酶（ALP）、总胆固醇（TC）、甘油三酯（TG）、钾（K）和钙（Ca）的含量。具体血清相关生理生化指标见表2。

表 2 五华三黄鸡血清生理生化指标

项目	TP（g/L）	ALP（IU/L）	TC（g/L）	TG（mmol/L）	K（mmol/L）	Ca（mmol/L）
均值	34 ± 1.35	511 ± 75.38	3.67 ± 0.15	0.42 ± 0.01	4.7 ± 0.26	2.52 ± 0.09

（4）通过对五华三黄鸡资源保护和利用现状进行调查研究，率先采用 PCR 和直接测序的方法测定五华三黄鸡两个类群——丰华类群和太和类群的线粒体 DNA 细胞色素 b 基因（mtDNA Cytb）和控制区（D－loop）全序列，比较分析其序列特征并构建系统进化树。结果表明：

①五华三黄鸡两个类群 mtDNA Cytb 全序列长度都为 1 143bp。分析种内的遗传变异，与原鸡相比，五华三黄鸡的丰华类群和太和类群都发现 2 个变异位点，变异类型均是基因转换，没有观测到丢失或颠换；A ＋ T 碱基含量都为 51.6%，G ＋ C 碱基含量都占 48.4%。五华三黄鸡与其他 6 种禽类的 Cytb 基因序列同源性的分子进化树聚类结果表明，五华三黄鸡不同类群与江边鸡亲缘关系最近。

②五华三黄鸡两个类群线粒体 DNA 控制区全序列长度分别为 1 232bp、1 231bp。与原鸡相比，五华三黄鸡的丰华类群和太和类群都发现 14 个变异位点，其中丰华类群的变异均是基因转换，而太和类群有 13 个转换和 1 个缺失，没有观测到颠换；A ＋ T 碱基含量分别占 60.4% 和 60.3%，G ＋ C 碱基含量都约占 39.6%。五华三黄鸡与其他 19 种禽类的 D－loop 基因序列同源性的分子进化树聚类结果表明，五华三黄鸡类群与中国红原鸡亲缘关系最近。

（5）在开展五华三黄鸡资源保护和利用现状研究中，首次确定了五华县中部和北部（即华城、岐岭、潭下、转水、横陂、双华、棉洋等地）为五华三黄鸡的分布中心，找出了保护和利用存在的主要问题，分析了五华三黄鸡的形成历史，并提出了保护对策，从而为指导梅州市地方畜禽品种资源保护，促进地方社会经济发展，更好地保护和利用地方品种资源提供了科学依据。

（6）率先开展五华三黄鸡的保种选育工作，通过从保护地选择的原种，采用第一、二代纯种繁育，第三至五代以后实行品系内杂交选育，然后通过文献查阅、直接观察和实验等研究方法，对五华三黄鸡的提纯选育效果分别从体形外貌、产肉性能、pH 值、系水力、常规化学成分几个方面进行分析，并与 F0 世代比较。结果表明：对已严重杂交的五华三黄鸡提纯选育 3 个世代以后，体形外貌与五华三黄鸡地方品种标准相接近；经测定，选育第三世代公鸡、母鸡的屠宰率分别为 88.63% 和 90.71%，升高 1.99% 和 1.91%，全净膛率分别为 64.14% 和 61.94%，升高 1.42% 和 4.01%，符合产肉性能良好的指标；pH 值在 24h 内的变化幅度分别为 0.33 和 0.31，下降 0.19 和 0.34；失水率分别为 13.91% 和 14.93%，下降 1.08% 和 4.68%；熟肉率分别为 65.05% 和 65.30%，升高 22.91% 和 25.49%；滴水损失率分别为 6.53% 和 6.60%，下降 4.21% 和 9.48%；胸肌粗蛋白分别为 24.90% 和 22.53%，升高 4.67% 和 0.67%；粗脂肪分别为 1.49% 和 1.60%，公鸡下降 1.09%，母鸡升高 1.13%；水分分别为 70.47% 和 68.74%，下降 7.48% 和 8.50%。

全书分两大部分，第一部分为综合研究，第二部分为专题研究。综合研究是根据专题研究归纳总结得出的结果，与各专题研究的内容存在重合部分。研究部分由项目主要参加者编写，包括钟鸣、李威娜、黄勋和、钟福生、陈洁波、翁茁先等，作者署名在其承担的各专题研究内容中已注明，全书由钟福生教授统稿审阅。本书出版得到了广东省优势重点学科——地理学、嘉应学院科技著作出版基金、嘉应学院特色重点学科——生物学的资助，以及暨南大学出版社的大力支持。著书过程中我们参阅了大量的文献资料，在此一并致谢。由于作者水平有限，经验不足，疏漏之处敬请读者和同仁批评指正。

作　者

2017 年 9 月

目 录

第二部分　专题研究

附　录

第一部分　综合研究

1 研究背景与目的意义

国际社会认为，动物遗传资源是未来食品、环境和社会经济稳定的一种资源。保护动物遗传资源多样性对农业的可持续发展是极其重要的。我国各地自然条件、社会经济和文化的发展程度不同，经过长期的自然选育，形成了外貌特征、遗传特性、生产性能各异的众多优质鸡品种。1976年，农业部组织全国农、科、教等部门，开展了一次较大规模的畜禽品种资源调查，历时九载，基本摸清了全国较发达地区的畜禽种资源状况，并出版了五部《中国畜禽品种志》。1995年又对西南、西北的偏远地区进行了一次为期四年的畜禽资源补充调查，江苏省家禽科学研究所参与了调查工作。2006年，农业部组织在全国开展畜禽品种普查工作，五华三黄鸡就是《中国禽类遗传资源》中的优良品种之一。鸡种类型有肉用、蛋用、兼用和其他；体重大的为4kg，小的只有0.6kg左右；羽色有黄羽、白羽、黑羽、芦花、哥伦比亚羽；蛋壳颜色有白壳、粉壳、青壳、红壳等。对这些优良性状必须拓宽思路，根据市场的需求，加以应用。

2006年实施的《中华人民共和国畜牧法》将原《种畜禽管理条例》中的相关内容作为单独一章写入该法。《畜牧法》第二章"畜禽遗传资源保护"共9条，主要规定了畜禽遗传资源保护、调查、发布和鉴定评估制度，畜禽遗传资源保护规划和名录的制定主体，畜禽遗传资源的主要保护手段为基因库、保种场和保护区，畜禽遗传资源进出境和共享惠益管理等基本内容。系统开展鸡保种理论和保种方法研究，形成鸡小群保种方法——家系等量随机选配法；用人工控制各家系繁殖平衡，其近交系数增量低于群体遗传学近交增量公式推导计算的近交系数；使种群原有的遗传特性和生产性能保持相对稳定，减少群体内的基因频率漂变；利用经典遗传育种技术测定鸡种生物学特性和经济性状等。研究阐明了某些鸡种的种质特性及肉品质等性状的遗传规律，同时将禽种资源的形成、产地及分布、体形外貌、生产性能、相关研究等材料进行搜集、整理，建成了中国家禽资源数据库。

五华三黄鸡属小型肉用品种，主要分布于梅州市五华县中部和北部（即华城、岐岭、潭下、转水、双华、横陂、双华、棉洋等地）。该品种具有悠久的历史，长期以来在生态环境条件自然选择下世代衍生形成了独特的生物学特性，是《中国禽类遗传资源》和广东省梅州市地方志中记载的地方鸡种。

据调查，在1964—1982年近20年间五华三黄鸡一直被作为商品销住香港等地。1983年后受石岐鸡的冲击，五华三黄鸡一度陷入养殖、销售低谷，而且品种特性有些混杂，加上生长速度慢（150d 达 0.9 ~ 1.1 kg）、饲养周期长，农户零星散养量少，难以增收致富，一度未被养殖户和政府重视。2003 年，梅州市政府相关部门推出了保种复壮计划，在世博会上展出。嘉应学院生命科学学院、梅州市畜牧兽医局、五华县畜牧兽医局在地方政府相关部门的配合下，充分利用各种有利资源和条件开展了畜禽地方品种的保护工作以及扩大品种资源等方面的前期研究工作。随着城乡居民生活水平的进一步提高和自我保健意识的增强，人们的消费观念发生了深刻的变化，消费者不仅要求物美价廉，而且要求生态健康。五华三黄鸡大宗养殖模式以农户自发饲养为主，专业户集中饲养为辅。农村饲养三黄鸡以利用房屋前后的竹林、山地、草坪放养为主，粗放饲养，早晨开笼放出，晚上关笼息宿，一般只在晚间鸡归笼前喂食一次，早晨、中午都不喂食，这样的饲养方式不适合生态养殖技术集成。

自 20 世纪 70 年代末以来，由于先后多批引进国内外肉用鸡品种，在一定程度上使五华三黄鸡的优良种质基因受到影响，出现混杂，加上饲养方法落后，极大地制约着五华三黄鸡向产业化、规模化方向的发展。至目前为止，关于五华三黄鸡的系统研究尚属空白。

综上所述，拟以农业龙头企业为主体，提供优质、高产、高效、安全、生态养殖技术，辐射带动农户；开展对五华三黄鸡的生物学特性及生理生化指标正常值的测定研究，进一步了解五华三黄鸡的资源状况，制定品种标准，确定品种优势，为更好地保护和利用这一珍贵的品种资源提供基础性的资料和数据；开展五华三黄鸡品种特性、保种选育技术研究，建立五华三黄鸡原种繁殖场，进行应用示范，从而保持五华三黄鸡肉质特色，提高增殖速度，扩大种群数量，最终达到为地方经济服务的目的。

2 研究过程与内容

从 2008 年 10 月开始，课题组成员在编制五华县总体发展规划之农业专题发展规划的同时就开展了前期的研究工作，为了顺利地系统开展此项调查研究工作，2009 年 5 月正式成立"五华三黄鸡品种特性及资源保护利用研究"课题组，开展项目可行性研究论证，在前期调查研究的基础上，通过查阅文献、组织项目申报，于 2010 年至 2015 年间分别获广东省教育部产学研结合项目（编号：2010B090400248）、广东省产业技术研究与开发资金计划项目（编号：2011B060400001）、广东省自然科学基金项目（编号：S2012040007491）、广东省科技计划项目（编号：2015A020208020）、梅州市产业技术研究与开发资金计划项目（梅市科〔2012〕14号）资助，至2016年12月通过组织实施和课题总结，开展对五华三黄鸡品种特性、品种纯度的快速分子鉴定技术及遗传多样性和遗传资源保护与应用研究；在开展五华三黄鸡的资源现状与数量调查的同时，找出其分布的中心，提出保护的措施和建议，圆满地完成了课题研究任务，主要的研究内容与过程有如下四个方面。

2.1　五华三黄鸡品种特性研究

为了更好地保护和开发利用五华三黄鸡的遗传资源，明确五华三黄鸡与其他品种的区别，彰显其特色，以梅州丰华有机农业发展有限公司五华三黄鸡养殖场饲养五华县天成三黄鸡种禽场选育的第六代五华三黄鸡为素材，通过饲养和实验对其外形特征、体尺、体重、生长发育规律、屠宰性能、肉质、血液等进行观察和测定，分析其品种特性，确定种质标准，探寻五华三黄鸡所具有的营养价值，为五华三黄鸡的品牌推广提供科学依据，开展了专题研究："五华三黄鸡品种特性研究""五华三黄鸡肉用性能及肉品质的研究"。

2.2　五华三黄鸡的遗传资源多样性研究

采用分子遗传技术，测定五华三黄鸡两个类群——丰华类群和太和类群的线粒体DNA细胞色素b基因（mtDNA Cytb）和控制区（D - loop）全序列，比较分析其序列特征并构建系统进化树。开展了"五华三黄鸡线粒体DNA控制区全序列分析"和"五华三黄鸡线粒体DNA细胞色素b基因全序列分析"的专题研究。

2.3　五华三黄鸡资源保护与利用研究

采用查阅文献、现场考察、走访调查的方法对五华县的横陂、水寨、河东、转水、华城、岐岭、潭下、长布、双华、安流、棉洋等乡镇的三黄鸡养殖情况进行调查、访问，概述了五华三黄鸡品种特性，总结其资源保护与利用现状，分析了五华三黄鸡的形成历史，确定原种保护地，并对五华三黄鸡的保护与利用提出了发展对策。开展了"广东省五华三黄鸡品种资源保护与利用现状及发展对策"的专题研究。

2.4 五华三黄鸡保种选育技术研究

通过从保护地选择的原种，在五华县天成三黄鸡种禽场采用第一、二代纯种繁育，第三至五代以后实行品系内杂交选育，然后通过直接观察和实验研究等方法，对五华三黄鸡的提纯选育效果分别从体形外貌、产肉性能、pH值、系水力、常规化学成分几个方面进行分析，再与F0世代比较，并对已严重杂交的五华三黄鸡提纯选育3个世代以后，使其体形外貌与五华三黄鸡地方品种标准相接近。开展了"五华三黄鸡提纯选育技术及效果分析"的专题研究，申请和公告技术发明专利《五华三黄鸡提纯复壮的选育方法》（申请专利号：201110403924.2；公开公告号：CN102487893A）。

3 研究方法

3.1 原种地确定

调查地点：梅州市五华县横陂、水寨、河东、转水、华城、岐岭、潭下、长布、双华、安流、棉洋等乡镇。

研究地点：五华县天成三黄鸡种禽场、广东客家黄畜牧有限公司种鸡场。

3.2 研究方法

3.2.1 调查研究

（1）通过文献检索查阅，结合五华县专业户、散户的鸡禽养殖现状，对五华县鸡禽的品种以及养殖现状进行系统的分析比较，确定五华三黄鸡的外形标准，研究其生长、遗传、变异规律。

（2）通过对市县畜牧兽医局、乡镇畜牧兽医站和各县（市）区部分养殖企业进行走访，以及对市场行情的调查，了解五华县不同区域三黄鸡养殖业的发展和养殖场的分布，分析五华县鸡禽养殖现状，为进一步发展五华三黄鸡养殖业提供理论和现实依据。

（3）通过与市县两级畜牧兽医局的工作人员和梅州市部分养殖企业工作人员进行沟通，实施具体调查方案。

①五华县鸡禽品种及其品种数量的调查。采取抽样调查的方式，在五华县调查地点的不同区域随机抽取10户，对其鸡禽的品种进行调查访问，收集

数据，对数据进行整理、推算。

②五华三黄鸡的养殖现状调查。通过实地访问形式进行调查。调查五华三黄鸡生产情况（存栏量、出栏量、产品生产量）、养殖方式、养殖规模和防疫措施情况等。

3.2.2 实验研究

3.2.2.1 实验室检测

①品种特征观测：观测其体形外貌和体尺指标，并进行屠宰性能测定。

②生长发育规律观测：记录每天的耗料量、死亡数。计算日增重、料肉比和成活率，分析其生长发育规律。

③肉品质测定：测定肌肉的 pH 值、失水率、熟肉率、滴水损失率、水分含量和肌肉、心、肝、脑、肌胃的粗蛋白、粗脂肪含量，以及肌肉感官指标观测。

④产蛋性能测定：测量其繁殖规律、开产日龄、开产体重、开产蛋重、受精率、孵化率、健雏率、产量性能和蛋重。

⑤血液生化指标测定：测定血清总蛋白、血清白蛋白、血清胆固醇、血清钙、血清磷等指标。

⑥遗传特性测定：采用 PCR 和直接测序的方法，测定五华三黄鸡两个类群——丰华类群和太和类群的线粒体 DNA 细胞色素 b 基因和控制区全序列，分析其系统关系。

3.2.2.2 品种选育

采用五华三黄鸡本品系内原种产地第一、二代纯种繁育，第三至五代以后实行品系内杂交选育，通过提纯后进行公母后裔测定，即通过对公鸡、母鸡后裔个体的系谱资料记录、品质特性、生产性能测定，分别从体形外貌、产肉性能、pH 值、系水力、常规化学成分几个方面进行分析，并与 F0 世代比较其提纯选育效果。

3.2.3 应用示范

研究过程中得出的基础性资料和数据，通过研究单位应用示范试验，提供政府制定五华三黄鸡资源保护科学依据，确定五华三黄鸡原种繁殖场，建设 3~5 个形成规模产业化的五华三黄鸡养殖企业。

3.3 数据处理方法和应用软件

采用 X^2 检验中的 2×C 列联表的独立性检验的方法对实验室检测项目作

相关性检验，当 $p < 0.05$ 时表示差异显著，当 $p > 0.05$ 时表示差异不显著。调查数据利用 SPSS 19.0 和 Excel 软件进行统计、计算。

3.4　技术路线与研究目标

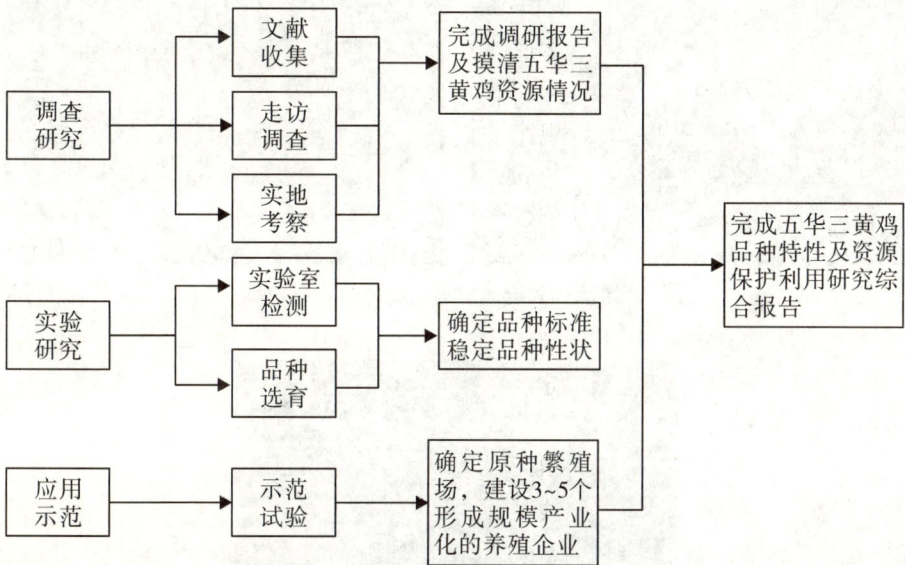

图 1　五华三黄鸡研究的技术路线与研究目标

4　结果与分析

4.1　五华三黄鸡生物学特性研究

4.1.1　体形外貌

五华三黄鸡（如图 2、图 3 所示）属小型肉用品种。体质结实，体躯略宽、较深，背部和龙骨平直，尾羽较短而翘起。喙较短、稍弯，呈黄色。单冠，色鲜红。眼中等大小，有神，虹彩橘红色。全身羽毛纯黄色，尾羽、翼羽有的色稍浅，但无其他斑点，这是与其他三黄鸡的显著区别。养殖多年的母鸡羽毛颜色会变淡，而公鸡羽毛颜色会加深。主翼羽紧贴身躯，腿部羽毛

7

厚而松，呈球状凸出。该鸡种可分无胡须和有胡须两种类型：无胡须者头较小，冠、肉髯、耳叶较厚而大；有胡须者耳较薄而小。皮肤、胫、趾均为黄色。

图 2　第三代五华三黄鸡（左为公，右为母）

图 3　选育的第五代五华三黄鸡种鸡

4.1.2 体　尺

通过对五华三黄鸡的体斜长、胸宽、胸深、龙骨长、胫长的测量，得出其成体的量度具体数据（见表 1）。

从表 1 可见，成年五华三黄鸡体斜长、胸宽、胸深和胫长，公母之间差异不显著，龙骨长这一数据公鸡显著大于母鸡，公鸡体重极显著大于母鸡。成年公鸡的体尺变异程度大于母鸡，说明母鸡的体形相对较匀称，公鸡的体形需要进一步选育纯合。体重变异程度较大，说明群体整齐度需要选育提高。

表1　成年五华三黄鸡体尺统计表

性别	体重（g）	体斜长（cm）	胸宽（cm）	胸深（cm）	龙骨长（cm）	胫长（cm）
♂	1 563.89 ± 317.28^A	12.22 ± 1.15^A	7.88 ± 0.55^A	11.36 ± 1.09	10.66 ± 0.72^A	8.38 ± 0.97^A
♀	1 190.42 ± 251.04^B	9.96 ± 0.66^B	5.96 ± 0.48^B	11.17 ± 0.43	9.17 ± 0.91^B	6.25 ± 0.44^B

注：相同字母之间表示差异不显著（$p > 0.05$），不同小写字母之间表示差异显著（$p < 0.05$），不同大写字母之间表示差异极显著（$p < 0.01$）。下表同。

4.2　五华三黄鸡生产性能研究

4.2.1　屠宰性能

通过对五华三黄鸡进行屠宰测定，得出的一些参数如表2所示。

表2　成年五华三黄鸡屠宰性能

项目	♂	♀
屠宰率（%）	89.62 ± 2.89^A	92.62 ± 0.63^B
半净膛率（%）	82.76 ± 2.74^A	77.74 ± 2.53^B
全净膛率（%）	70.72 ± 1.92	63.94 ± 1.73
胸肌率（%）	17.93 ± 1.66^A	15.43 ± 0.59^B
腿肌率（%）	24.74 ± 0.09^A	20.27 ± 0.38^B
腹脂率（%）	0.46 ± 0.11^A	0.55 ± 0.07^B
肝重（g）	25.36 ± 8.23^A	19.79 ± 1.63^B

从表2可见，成年五华三黄鸡母鸡的屠宰率、腹脂率极显著大于公鸡，公鸡的半净膛率、胸肌率、腿肌率和肝重极显著大于母鸡。全净膛率公母之间差异不显著。

公鸡屠宰率89.62%极显著小于母鸡屠宰率92.62%，而半净膛率82.76%却极显著大于母鸡的77.74%，说明母鸡的内脏比重比公鸡大；公鸡胸肌率17.93%极显著大于母鸡的15.43%，说明公鸡的胸部肌肉较丰满，产肉性能优于母鸡。

4.2.2　生长发育规律

于2011年选取60只3个家系五华三黄鸡，对各日龄的五华三黄鸡称量，得出其日龄体重与增重（如表3所示），并根据测定结果绘制五华三黄鸡的生长曲线图，见图4。

表3　五华三黄鸡生长发育规律

项目	1d	7d	14d	21d	30d	60d	90d	120d	150d	210d
体重（g）	21.4	35	56	81	121	270	485	575	840	1 000
绝对增重（g）		13.6	21	25	40	149	215	90	265	160
日均增重（g）		2.27	3	3.57	4.44	4.97	7.17	3	8.83	2.67
相对增重（%）		63.55	60	44.64	49.38	123.14	79.63	18.56	46.09	19.05

注：绝对生长 = $(W_1 - W_0) / (t_1 - t_0)$，相对生长率 = $(W_1 - W_2)/W_0 \times 100\%$，其中，$W_0$ 是始重（g），即前一次测定的重量；W_1 是末重，即后一次测定的重量；t_0 为前一次测定的时间（d），t_1 为后一次测定的时间；此表数据不分公母，为混合数据。

由表3可知，日增重有两个峰值，分别是90日龄的7.17g和150日龄的8.83g。相应的绝对增重也在90日龄和150日龄有两个峰值，分别达到215g和265g。相对增重则在60日龄达到最高峰123.14%。由此说明，五华三黄鸡的生长高峰期在60~150日龄之间，生长高峰较迟，生长速度缓慢，周期长。这需要进一步选育优良鸡种，并且加强对五华三黄鸡喂养方式和饲料比重等方面的研究，使五华三黄鸡的生长性能得到进一步的提高。

由图4可以看出，五华三黄鸡增重比较平缓，强度较弱，绝对增重有两个峰值，分别是90日龄和150日龄。相对增重在60日龄达到高峰后随日龄的增长呈平稳下降趋势。

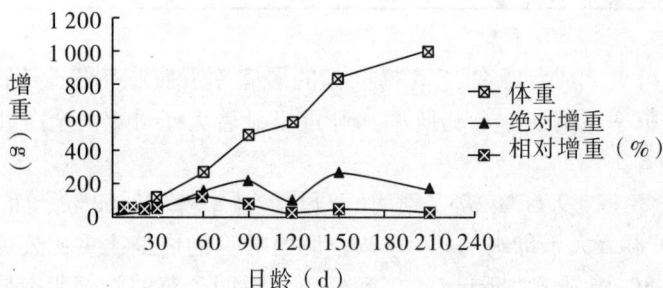

图4　五华三黄鸡生长发育规律

同时通过研究发现，五华三黄鸡的生长强度较弱，增重较缓慢，饲养周期长，其他鸡一般在120日龄出栏，而五华三黄鸡需210日才可出栏。在自由采食、户外放养情况下，210日出栏的成鸡平均体重为1 000g。

4.2.3 肉质测定

此次实验肉质测定分为四个项目：pH 值测定，系水力测定，肌肉常规养分测定（腿肌），不同组织（心、肝、脑、肌胃、肌肉）的粗蛋白、粗脂肪含量测定。在周边相同或类似环境中的鸡种此类测定较少，缺乏相关数据进行比较。作者初次进行研究，所得数据可能不够精确和科学，所以此次试验所得数据仅作参考。

4.2.3.1 pH 值的测定

取五华三黄鸡的腿肌肉测量 pH 值，采用简易 pH 试纸测量，测量 45min、24h 两个时间的 pH 值，分别记为 pH_1、pH_{24}。具体数据见表 4。

表 4　五华三黄鸡的肌肉 pH 值

性别	pH_1	pH_{24}
♂	5.95 ± 0.63^A	5.43 ± 0.11^A
♀	6.25 ± 0.59^B	5.60 ± 0.05^B

由表 4 可知，五华三黄鸡母鸡 pH_1 和 pH_{24} 均极显著大于公鸡。而且 24h 之内 pH 值有一定幅度的变化，表明五华三黄鸡在宰后肌肉发生了一定的生理生化过程，尤其是乳酸的积累量较少。

4.2.3.2 系水力的测定

与系水力相关的指标有失水率、熟肉率、滴水损失率三个指标。实验取五华三黄鸡的腿肌分别测定这三个指标，测量结果见表 5。

表 5　五华三黄鸡的系水力（腿肌）

单位:%

性别	失水率	熟肉率	滴水损失率		
			24h	48h	72h
♂	8.99 ± 0.78	46.05 ± 2.75	3.51 ± 0.65^a	6.53 ± 0.68	7.73 ± 0.45^a
♀	9.79 ± 0.67	46.30 ± 2.14	3.13 ± 0.37^b	6.60 ± 0.25	7.35 ± 0.45^b

五华三黄鸡的失水率、熟肉率和 48h 的滴水损失率均未达到显著水平，公鸡 24h 和 72h 的滴水损失率显著大于母鸡。失水率和滴水损失率均表现为较低，这说明五华三黄鸡的系水力良好。这会使熟肉多汁，口感更佳。

4.2.3.3 肌肉常规养分的测定

本实验选用五华三黄鸡的腿肌做肌肉常规养分的测定，分别测定其水分、粗蛋白、粗脂肪三个指标，具体数据见表6。

表6 五华三黄鸡的常规化学组分（腿肌）

单位:%

性别	水分	粗蛋白	粗脂肪
♂	65.95 ± 0.18^A	26.90 ± 0.66^A	1.58 ± 0.71^A
♀	59.24 ± 0.27^B	25.86 ± 1.40^B	2.47 ± 0.07^B

由表6可知，五华三黄鸡公鸡肌肉的水分、粗蛋白大于母鸡，粗脂肪母鸡显著大于公鸡。

4.2.3.4 不同组织的粗蛋白、粗脂肪比较

此次实验除测定腿肌的粗脂肪和粗蛋白之外，还分别测定心、肝、肌胃、脑的粗蛋白和粗脂肪含量，并作出比较（如表7所示），供参考作用。

表7 不同组织的粗蛋白、粗脂肪含量

单位:%

项目	性别	心	肝	肌胃	脑	肌肉
粗蛋白	♂	15.42 ± 0.98^A	5.51 ± 0.36^A	22.79 ± 3.91	13.86 ± 1.71^A	24.90 ± 0.66^A
	♀	19.31 ± 2.01^B	7.44 ± 0.77^B	23.79 ± 2.51	16.50 ± 1.99^B	21.86 ± 1.40^B
粗脂肪	♂	3.58 ± 1.19^A	0.49 ± 0.26^A	1.37 ± 0.41^A	3.13 ± 1.33	2.58 ± 0.71^A
	♀	4.50 ± 0.42^B	0.73 ± 0.23^B	0.91 ± 0.22^B	3.46 ± 0.29	0.47 ± 0.07^B

由表7可知，各组织粗蛋白含量：肌肉粗蛋白含量最高，公母对比，公鸡肌肉粗蛋白含量极显著大于母鸡，母鸡心、肝、脑的粗蛋白含量极显著大于公鸡；肌胃粗蛋白含量差别不显著。粗脂肪含量：公母对比，公鸡肌胃、肌肉粗脂肪含量极显著大于母鸡，母鸡肝粗脂肪含量极显著大于公鸡。

4.2.4 蛋品质

参照 NY/T823—2004 规定的方法对五华三黄鸡的蛋品质进行测定，测定项目及均值见表8。

表8 五华三黄鸡的蛋品质测定

项目	均值
蛋重（g）	45
蛋色	淡粉红色、白色
蛋壳厚度（mm）	0.3
蛋壳相对重（%）	9.3
蛋型指数（%）	1.3
蛋黄指数（%）	41.3
哈氏单位（HU）	78.51

4.2.5 产蛋和繁殖性能

通过饲养试验、观察记录等方式，获得五华三黄鸡种群产蛋和繁殖性能（如表9所示）。

表9 五华三黄鸡产蛋和繁殖性能

项目	均值
开产日龄（d）	150～160
开产体重（kg）	1.00
开产蛋重（g）	15.10
产蛋量（个/年）	155
蛋重（g）	45.00
受精率（%）	90.00
孵化率（%）	85.00
健雏率（%）	94.30

由表8、表9可知，母鸡开产日龄为150～160d，平均年产蛋155个，平均蛋重45g。蛋壳淡粉红色，少数白色。平均种蛋受精率90%，平均受精蛋孵化率85%、健雏率94.3%。母鸡哺育雏鸡约80d。公鸡性成熟期90～120d，180～210日龄便可配种。公母鸡配种比例1∶10～15。公鸡利用年限3～4a。

4.3 五华三黄鸡生理特性研究

实验使用一次性注射器抽取五华三黄鸡血样，并用带抗凝剂的试管保存后送至医院检验血液的各项生理生化指标。由于对三黄鸡的血液生理指标方面的研究存在较大的空白，没有确切、科学的数据作比较，因此此次实验数据仅供参考，并希望得到专家的批评指正，以完善五华三黄鸡的生理特性研究。

4.3.1 血常规测定

血常规的指标测定包括红细胞（RBC）、白细胞（WBC）、血小板（PLT）、红细胞压积（HCT）、血红蛋白浓度（HGB）、平均红细胞体积（MCV）六个指标（如表10所示）。

表10　五华三黄鸡的血液血常规参数

项目	RBC（10^{12}/L）	WBC（10^9/L）	PLT（10^{11}/L）	HCT（%）	HGB（g/L）	MCV（FL）
均值	5.26	4.52	3.07	40.46	119.7	131

4.3.2 血清生理生化指标

血清生理生化指标测定包括总蛋白（TP）、碱性磷酸酶（ALP）、总胆固醇（TC）、甘油三酯（TG）、钾（K）和钙（Ca）的含量。具体血清相关生理生化指标见表11。

表11　五华三黄鸡的血清生理生化指标

项目	TP（g/L）	ALP（IU/L）	TC（g/L）	TG（mmol/L）	K（mmol/L）	Ca（mmol/L）
均值	34	511	3.67	0.42	4.7	2.52

由于缺乏其他数据作对比，且操作技术有限，不能作出相关结论，表11实验数据仅供参考。

4.4 五华三黄鸡遗传资源多样性研究

4.4.1 五华三黄鸡线粒体 DNA 控制区全序列分析

4.4.1.1 线粒体 DNA 控制区序列 PCR 扩增

利用 mtDNA D-loop 环特异性引物序列对五华三黄鸡 13 个个体的基因组 DNA 进行扩增，PCR 产物用 1% 琼脂糖凝胶电泳检测，结果发现特异性良好，与预期的相符，并选出 1（为丰华类群）和 3（为太和类群）作为研究对象（如图 5 所示）。

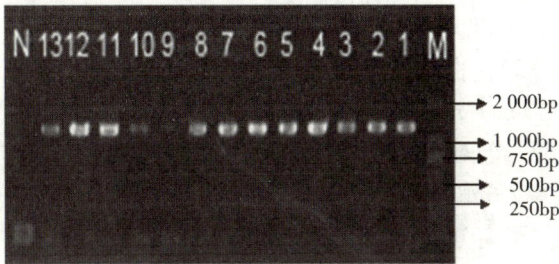

图 5　PCR 扩增产物琼脂糖凝胶电泳检测图

注：M：DL2000 DNA marker；N：空白对照；数字是样品编号。

4.4.1.2 五华三黄鸡的遗传结构与变异

（1）mtDNA D-loop 区序列变异。用 Bioedit 和 ClustalX 对原始 DNA 序列进行对位排列和剪切对齐后，得到五华三黄鸡两个类群——丰华类群和太和类群 mtDNA 控制区序列全长分别为 1 232bp、1 231bp。与原鸡（*Gallus gallus gallus* - AP003322）相比，发现其与五华三黄鸡的丰华类群 mtDNA D-loop 区序列之间共有 14 个变异位点，都是碱基转换，包括 6 次 A-G 间转换和 8 次 T-C 间转换；而五华三黄鸡的太和类群 mtDNA D-loop 区全序列在第 859 位点缺失，与原鸡 mtDNA D-loop 区序列之间共有 14 个变异位点，其中有 1 个是缺失，其他 13 个变异位点都是碱基转换，包括 5 次 A-G 间转换和 8 次 T-C 间转换。

（2）mtDNA D-loop 区序列碱基组成。五华三黄鸡的两种类群——丰华类群和太和类群 mtDNA 控制区的碱基含量见表 12。

表 12　五华三黄鸡两种类群线粒体控制区序列的碱基组成情况

样品	序列长度（bp）	碱基组成（%）			
		A	T	C	G
丰华类群	1 232	26.8（330）	33.6（414）	26.5（326）	13.1（162）
太和类群	1 231	26.7（329）	33.6（414）	26.4（325）	13.2（163）

（3）两个类群与 19 个鸡种间遗传距离。将五华三黄鸡的两种类群——丰华类群（DF3）和太和类群（DT1）的 mtDNA D - loop 区序列与 GenBank 中收录的轳辘鸡（GU261684）、原鸡（AP003322）、原鸡海南亚种（GU261674）、原鸡印度亚种（GU261708）、中国红原鸡（AP003321）、固始鸡（GU261678）、河北地方鸡（GU261694）、河南地方鸡（GU261679）、吐鲁番鸡（GU261683）、白来航鸡（AP003317）、老挝地方鸡（AP003319）、新罕布什尔州红鸡（AY235570）、尼西鸡（GU261710）、泰国红原鸡（GU261716）、武定鸡（GU261676）、仙居鸡（GU261677）、雪峰鸡（GU261675）、腾冲雪鸡（GU261688）、丝羽乌骨鸡（AB086102）利用 Mega 5.0 软件进行遗传距离分析，结果见表 13。

表 13　五华三黄鸡两个类群与 19 个品种鸡间遗传距离

		1	2	3	4	5	6	7	8	9	10	11	12	13	14	15	16	17	18	19	20	21
原鸡	[1]																					
泰国红原鸡	[2]	0.003																				
吐鲁番鸡	[3]	0.002	0.004																			
河南地方鸡	[4]	0.007	0.007	0.006																		
雪峰鸡	[5]	0.007	0.007	0.004	0.002																	
仙居鸡	[6]	0.006	0.007	0.003	0.008	0.007																
原鸡海南亚种	[7]	0.007	0.008	0.004	0.007	0.007	0.004															
新罕布什尔州红鸡	[8]	0.007	0.008	0.004	0.008	0.007	0.006	0.007														
白来航鸡	[9]	0.007	0.008	0.004	0.008	0.007	0.006	0.007	0.000													
原鸡印度亚种	[10]	0.010	0.011	0.007	0.012	0.010	0.009	0.010	0.003	0.003												
河北地方鸡	[11]	0.007	0.008	0.006	0.010	0.008	0.007	0.007	0.002	0.002	0.005											
老挝地方鸡	[12]	0.005	0.004	0.004	0.008	0.006	0.005	0.006	0.002	0.002	0.005	0.002										
武定鸡	[13]	0.008	0.011	0.007	0.011	0.009	0.007	0.007	0.004	0.004	0.006	0.006	0.006									
固始鸡	[14]	0.010	0.012	0.008	0.012	0.011	0.008	0.011	0.006	0.006	0.009	0.007	0.007	0.002								
尼西鸡	[15]	0.008	0.011	0.007	0.011	0.011	0.008	0.011	0.007	0.007	0.011	0.007	0.007	0.003	0.005							
腾冲雪鸡	[16]	0.011	0.011	0.009	0.013	0.011	0.011	0.011	0.007	0.007	0.011	0.008	0.008	0.007	0.009	0.009						
太和类群	[17]	0.011	0.011	0.007	0.011	0.007	0.009	0.011	0.011	0.011	0.011	0.008	0.010	0.011	0.012							
中国红原鸡	[18]	0.011	0.011	0.008	0.011	0.009	0.007	0.007	0.004	0.004	0.006	0.007	0.011	0.011	0.012	0.000						
丰华类群	[19]	0.012	0.011	0.009	0.011	0.008	0.010	0.011	0.011	0.011	0.009	0.011	0.012	0.013	0.001	0.001						
轳辘鸡	[20]	0.009	0.011	0.007	0.011	0.009	0.006	0.010	0.011	0.011	0.013	0.012	0.005	0.005	0.006							
丝羽乌骨鸡	[21]	0.009	0.011	0.008	0.011	0.009	0.010	0.007	0.009	0.009	0.011	0.007	0.009	0.011	0.013	0.013	0.014	0.007	0.007	0.007	0.002	

（4）两个类群与 19 个品种鸡间同源性。将得到的五华三黄鸡两个类群——丰华类群和太和类群的 mtDNA D－loop 序列与做遗传距离的 19 个品种鸡的 mtDNA D－loop 序列通过 DNAMAN 分析软件进行比较分析，结果如表 14 所示。

表 14　五华三黄鸡两个类群与 19 个品种鸡间同源性比较

		1	2	3	4	5	6	7	8	9	10	11	12	13	14	15	16	17	18	19	20	21
轱辘鸡	[1]	100%																				
丰华类群	[2]	99.4%	100%																			
太和类群	[3]	99.5%	99.9%	100%																		
原鸡	[4]	99.1%	98.9%	98.9%	100%																	
原鸡海南亚种	[5]	99.4%	99.2%	99.3%	99.4%	100%																
原鸡印度亚种	[6]	98.9%	98.9%	98.9%	99.0%	99.0%	100%															
中国红原鸡	[7]	99.5%	99.9%	100%	98.9%	99.3%	98.9%	100%														
固始鸡	[8]	99.0%	98.9%	98.9%	99.0%	99.2%	98.9%	99.0%	100%													
河北地方鸡	[9]	99.3%	99.0%	99.1%	99.4%	99.4%	99.5%	99.1%	99.3%	100%												
河南地方鸡	[10]	99.1%	99.0%	99.1%	99.4%	99.3%	98.9%	98.9%	98.8%	99.0%	100%											
老挝地方鸡	[11]	99.1%	98.9%	98.9%	99.5%	98.4%	99.5%	98.9%	98.7%	99.8%	99.2%	100%										
新罕布什尔州红鸡	[12]	99.3%	99.0%	99.1%	99.4%	99.4%	99.7%	99.1%	99.8%	99.2%	99.8%	100%										
尼西鸡	[13]	99.3%	98.8%	98.9%	98.9%	98.9%	98.9%	98.9%	98.5%	99.6%	98.9%	99.3%	99.3%	100%								
泰国红原鸡	[14]	98.9%	98.7%	98.8%	98.7%	99.2%	99.2%	98.8%	98.8%	99.2%	99.4%	99.3%	99.2%	98.9%								
丝羽乌骨鸡	[15]	99.8%	99.0%	99.4%	99.1%	99.4%	98.7%	99.3%	98.9%	99.1%	99.2%	98.7%	98.9%	100%								
腾冲雪鸡	[16]	98.8%	98.7%	98.8%	98.9%	98.9%	99.0%	98.8%	99.2%	98.7%	99.2%	99.4%	99.1%	98.9%	98.6%	100%						
吐鲁番鸡	[17]	99.4%	99.1%	99.2%	99.8%	99.4%	99.3%	99.2%	99.4%	99.4%	99.6%	99.2%	99.6%	99.2%	99.1%	100%						
白来航鸡	[18]	99.0%	99.0%	99.1%	99.4%	99.4%	99.2%	99.0%	98.8%	99.2%	99.8%	99.0%	99.7%	99.1%	99.4%	99.3%	100%					
武定鸡	[19]	99.0%	99.0%	99.1%	99.6%	99.1%	99.1%	99.1%	99.4%	99.6%	99.7%	99.6%	99.4%	99.2%	99.4%	99.4%	99.6%	100%				
仙居鸡	[20]	99.0%	99.0%	99.0%	99.6%	99.1%	99.0%	99.1%	99.0%	99.4%	99.6%	99.4%	99.6%	98.9%	98.9%	99.4%	99.3%	99.4%	100%			
雪峰鸡	[21]	99.3%	99.0%	99.1%	99.4%	99.1%	99.0%	99.2%	98.9%	99.2%	99.4%	98.9%	99.4%	99.1%	98.9%	99.6%	99.1%	99.3%	100%			

（5）D－loop 基因序列系统进化树的建立。通过 Mega5.0 软件，依据测定的序列，采用 NJ 法重建系统发生树（如图 6 所示），对五华三黄鸡 mtDNA D－loop 基因进行遗传进化分析。

五华三黄鸡两个类群 mtDNA Cytb 全序列长度都为 1 143bp。分析种内的遗传变异，与原鸡相比，五华三黄鸡的丰华类群和太和类群都发现两个变异位点，变异类型均是基因转换，没有观测到丢失或颠换；A＋T 碱基含量都为51.6%，G＋C 碱基含量都为48.4%。五华三黄鸡与其他六种禽类的 Cytb 基因序列同源性的分子进化树聚类结果表明，五华三黄鸡不同类群与江边鸡亲缘关系最近。

通过以上同源性和遗传距离分析，初步确定了五华三黄鸡与中国红原鸡、丝羽乌骨鸡、原鸡及其他 16 个鸡种的进化关系：在进化关系上，五华三黄鸡不管哪个类群都与中国红原鸡亲缘关系较近，与轱辘鸡亲缘关系较远，与泰国红原鸡和腾冲雪鸡亲缘关系最远。其中太和类群与中国红原鸡的线粒体控制区序列同源性高达100%，说明中国红原鸡可能是五华三黄鸡的祖先。鸟类mtDNA 控制区的进化速度是 2%/1Ma，根据五华三黄鸡丰华类群与原鸡全序列计算的遗传距离（0.012），它们分歧进化的时间约为 60 万年；根据五华三黄鸡丰华类群与泰国红原鸡全序列计算的遗传距离（0.013），它们分歧进化的时间约为 65 万年。

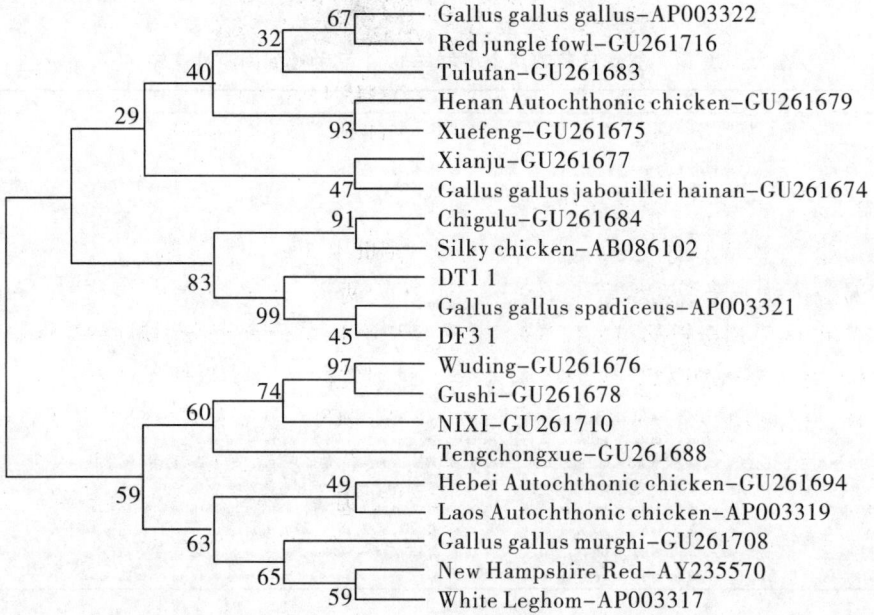

图 6　五华三黄鸡两类类群与 19 种其他鸡种 mtDNA D - loop 序列 NJ 分子系统发生树

注：五华三黄鸡丰华类群（DF3）、五华三黄鸡太和类群（DT1）、轱辘鸡（GU261684）、原鸡（AP003322）、原鸡海南亚种（GU261674）、原鸡印度亚种（GU261708）、中国红原鸡（AP003321）、固始鸡（GU261678）、河北地方鸡（GU261694）、河南地方鸡（GU261679）、吐鲁番鸡（GU261683）、白来航鸡（AP003317）、老挝地方鸡（AP003319）、新罕布什尔州红鸡（AY235570）、尼西鸡（GU261710）、泰国红原鸡（GU261716）、武定鸡（GU261676）、仙居鸡（GU261677）、雪峰鸡（GU261675）、腾冲雪鸡（GU261688）、丝羽乌骨鸡（AB086102）。

4.4.2　五华三黄鸡线粒体 DNA 细胞色素 b 基因全序列分析

4.4.2.1　线粒体 DNA 细胞色素 b（Cytb）序列 PCR 扩增

利用 mtDNA Cytb 环特异性引物序列对五华三黄鸡 10 个个体的基因组 DNA 进行扩增，PCR 产物用 1% 琼脂糖凝胶电泳检测，结果发现特异性良好，与预期的相符，并选出 1（太和类群）和 3（丰华类群）作为研究对象（如图 7 所示）。

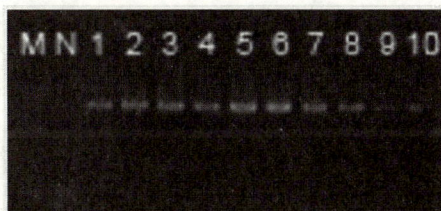

图7　PCR 扩增产物琼脂糖凝胶电泳检测图

注：M：DL2000 DNA marker；N：空白对照；数字是样品编号。

4.4.2.2　五华三黄鸡的遗传结构与变异

（1）mtDNA Cytb 区序列变异。用 Bioedit 和 ClustalX 对原始 DNA 序列进行对位排列和剪切对齐后，得到五华三黄鸡两个类群——丰华类群和太和类群 Cytb 区序列全长都为 1 143bp。然后，利用 Dna SP 软件分别对原鸡（*Gallus gallus gallus* – AP003322）和丰华类群、太和类群进行序列对比分析。与原鸡相比，检测五华三黄鸡的丰华类群和太和类群 Cytb 区都有 2 个单倍型（haplotype）序列，单倍型多样性指数为 1.000，核苷酸多样性指数为 0.001 75。检测到共有 2 个变异位点，且变异方式都是碱基转换替代，未见插入和缺失，分别是：第 507 位点发生 1 次 C – T 间转换，第 973 位点发生 1 次 T – C 间转换。

与原鸡 Cytb 区相比，五华三黄鸡的丰华类群和太和类群序列变异相同：在密码子第二位上有 1 个变异位点，占总变异数的 50.0%，序列变异率为 0.26%；在密码子第三位上也有 1 个变异位点，占总变异数的 50.0%，序列变异率为 0.26%；在密码子第一位上没有变异位点，Cytb 区序列的总变异率为 0.17%。由此可见，五华三黄鸡 Cytb 区序列变异率低，在密码子第二位点和第三位点的多态性较高，在密码子第一位的变异率最低。

（2）mtDNA Cytb 区序列碱基组成。五华三黄鸡的太和类群和丰华类群，以及广西三黄鸡（雌）、江西黄鸡、清远麻鸡和广西三黄鸡（雄）的 Cytb 的碱基含量见表 15，它们的 Cytb 区序列全长分别为 1 143bp、1 143bp、1 140bp、1 140bp、1 139bp、1 138bp。由表 15 可知，太和类群和丰华类群 Cytb 核苷酸序列中各碱基所占比例相同，都为 C（36.4%）＞A（27.5%）＞T（24.1%）＞G（12.1%）；且 A＋T 含量都为 51.6%，G＋C 含量为 48.5%。广西三黄鸡（雌）和江西黄鸡的 Cytb 核苷酸序列中各碱基所占比例也相同，都为 C（36.5%）＞A（27.4%）＞T（24.0%）＞G（12.1%）；且 A＋T 含量都为 51.4%，G＋C 含量为 48.6%。清远麻鸡和广西三黄鸡（雄）碱基 C 和 G 含量相同，分别为 36.4% 和 12.1%。清远麻鸡碱基 A、T 的含量分别为 27.4% 和

24.1%，广西三黄鸡（雄）A、T 含量则为 27.3% 和 24.2%，且它们的碱基比例也符合 C > A > T > G。可见这 6 种样本的碱基含量和碱基组成相差不大，碱基 C 所占比例最高，G 则最少，且种间差距不超过 0.3%。

表 15 6 种三黄鸡样本线粒体细胞色素 b 序列的碱基组成情况

样品	序列长度（bp）	碱基组成（%）			
		A	T	C	G
太和类群	1 143	27.5 (314)	24.1 (275)	36.4 (416)	12.1 (138)
丰华类群	1 143	27.5 (314)	24.1 (275)	36.4 (416)	12.1 (138)
广西三黄鸡（雌）	1 140	27.4 (312)	24.0 (274)	36.5 (416)	12.1 (138)
江西黄鸡	1 140	27.4 (312)	24.0 (274)	36.5 (416)	12.1 (138)
清远麻鸡	1 139	27.4 (312)	24.1 (274)	36.4 (415)	12.1 (138)
广西三黄鸡（雄）	1 138	27.3 (311)	24.2 (275)	36.4 (414)	12.1 (138)

这 6 种样本 Cytb 基因全序列 A、T、C、G 核苷酸的平均比例分别为 27.4%、24.1%、36.4%、12.1%；其中 A + T 含量为 51.5%，G + C 含量为 48.5%，A + T 含量高于 G + C 含量，该结果与脊椎动物 mtDNA 碱基组成（G + C 百分比在 37% ~50% 之间）相一致。在这 6 种三黄鸡样本中，Cytb 基因在密码子碱基的使用上都存在相同的差异，具有明显的偏向性，并且在不同位点碱基偏倚程度不同：碱基 G 的含量最低，在 Cytb 基因全序列中仅占 12.1%；在密码子的第一位上 4 种碱基使用较为均衡；密码子第二位上碱基 T 的使用比率高达 39.0%，碱基 G 的使用比率低至 12.4%；密码子第三位上碱基 C 的使用比率高达 51.7%，而碱基 G 的使用比率仅为 3.2%。

4.4.2.3 五华三黄鸡 mtDNA Cytb 序列比对及进化分析

（1）与 7 个鸡种的遗传距离分析。将五华三黄鸡的丰华类群（F3）和太和类群（T1）的 Cytb 区序列与 GenBank 中收录的原鸡（AP003322）、江边鸡（GU261713）、淮阳鸡（GU261701）、新罕布什尔州红鸡（AY235570）、南印度鸡（GU261697）、白来航鸡（AP003317）、银鸡 125（HQ857211）利用 Mega 5.0 软件进行遗传距离分析，结果见表 16。由表 16 可知，五华三黄鸡的丰华类群和太和类群，与其他 7 个鸡种遗传距离分析结果完全相同：五华三黄鸡的丰华类群和太和类群，与白来航鸡和江边鸡的遗传距离最近，为 0.001；与新罕布什尔州红鸡遗传距离次之，为 0.002；与南印度鸡和银鸡 125 的遗传距离都为 0.003；与原鸡的遗传距离为 0.004；与淮阳鸡的遗传距离最远，为 0.005。

表 16　9 个品种鸡的种间遗传距离

		1	2	3	4	5	6	7	8	9
New	[1]	0.000								
White	[2]	0.001	0.000							
Jiangbian – GU261713	[3]	0.001	0.000	0.000						
Yin125 – HQ857211	[4]	0.003	0.002	0.002	0.000					
F3	[5]	0.002	0.001	0.001	0.003	0.000				
T1	[6]	0.002	0.001	0.001	0.003	0.000	0.000			
Southern	[7]	0.004	0.003	0.003	0.005	0.003	0.003	0.000		
Gallus	[8]	0.006	0.005	0.005	0.007	0.004	0.004	0.005	0.000	
Huaiyang – GU261701	[9]	0.007	0.006	0.006	0.008	0.005	0.005	0.004	0.001	0.000

注：New——新罕布什尔州红鸡；White——白来航鸡；Jiangbian – GU261713——江边鸡；Yin125 – HQ857211——银鸡125；F3——丰华类群；T1——太和类群；Southern——南印度鸡；Gallus——原鸡；Huaiyang – GU261701——淮阳鸡。

（2）与 7 个品种鸡间同源性分析。将得到的五华三黄鸡两个类群——丰华类群和太和类群的 Cytb 序列与做遗传距离的 7 个品种鸡的 Cytb 序列通过 DNAMAN 分析软件进行比较分析。结果显示，五华三黄鸡的丰华类群和太和类群与其他鸡种的 Cytb 基因核苷酸序列具有较高的同源性，且丰华类群和太和类群与其他 7 个鸡种的同源性结果也相同：其中，与白来航鸡和江边鸡同源性最高，达到 99.9%；同新罕布什尔州红鸡的同源性次之，为 99.8%；与南印度鸡和银鸡 125 的同源性为 99.7%；与原鸡比为 99.6%；和淮阳鸡的同源性最低，为 99.5%。由此可以看出，同源性分析结果与遗传距离分析结果一致，如表 17 所示。

表 17　9 个品种鸡间同源性比较

		1	2	3	4	5	6	7	8	9
New	[1]	100%								
White	[2]	99.9%	100%							
Jiangbian – GU261713	[3]	99.9%	100%	100%						
Yin125 – HQ857211	[4]	99.7%	99.8%	99.8%	100%					
F3	[5]	99.8%	99.9%	99.9%	99.7%	100%				
T1	[6]	99.8%	99.9%	99.9%	99.7%	100%	100%			
Southern	[7]	99.6%	99.7%	99.7%	99.5%	99.7%	99.7%	100%		
Gallus	[8]	99.4%	99.5%	99.5%	99.3%	99.6%	99.6%	99.5%	100%	
Huaiyang – GU261701	[9]	99.3%	99.4%	99.4%	99.2%	99.5%	99.5%	99.6%	99.9%	100%

注：New——新罕布什尔州红鸡；White——白来航鸡；Jiangbian – GU261713——江边鸡；Yin125 – HQ857211——银鸡125；F3——丰华类群；T1——太和类群；Southern——南印度鸡；Gallus——原鸡；Huaiyang – GU261701——淮阳鸡。

（3）Cytb 基因序列系统进化树的构建。通过 Mega 5.0 软件，依据测定的序列，采用 NJ 法重建系统发生树（见图 8），对五华三黄鸡 Cytb 基因进行了遗传进化分析，结果发现五华三黄鸡的丰华类群和太和类群处于一个分支中，亲缘关系很近。基于 Kimura 双参数模型计算丰华类群和太和类群的遗传距离为 0.000，其中丰华类群与原鸡的遗传距离为 0.004，太和类群与原鸡的遗传距离也为 0.004。由图 8 可以清晰地看出，五华三黄鸡的丰华类群和太和类群与原鸡来自一个大分支，但亲缘关系较远，与白来航鸡和江边鸡的亲缘关系最近，各支的置信度有高有低，最高可达 91%，最低是 68%。

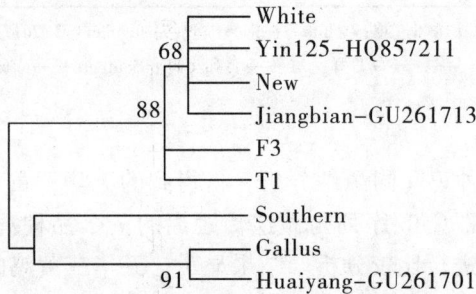

图 8　两种五华三黄鸡类群与 7 种其他鸡种 mtDNA Cytb 序列 NJ 分子系统发生树

注：New——新罕布什尔州红鸡；White——白来航鸡；Jiangbian – GU261713——江边鸡；Yin125 – HQ857211——银鸡 125；F3——丰华类群；T1——太和类群；Southern——南印度鸡；Gallus——原鸡；Huaiyang – GU261701——淮阳鸡。

研究结果表明：五华三黄鸡丰华类群和太和类群线粒体 DNA 控制区全序列长度分别为 1 232bp、1 231bp。与原鸡相比，五华三黄鸡的丰华类群和太和类群都发现了 14 个变异位点，其中丰华类群的变异均是基因转换，而太和类群有 13 个转换和 1 个缺失，没有观测到颠换；A + T 碱基含量分别占 60.4% 和 60.3%，G + C 碱基含量都约占 39.6%。五华三黄鸡与其他 19 种禽类的 D – loop 基因序列同源性的分子进化树聚类结果表明，五华三黄鸡类群与中国红原鸡亲缘关系最近。

4.5　五华三黄鸡资源保护与利用现状研究

4.5.1　资源保护与利用现状

4.5.1.1　资源保护现状

五华三黄鸡原产五华县的横陂、水寨、河东、转水、华城、岐岭、潭下、长布、双华、安流、棉洋等乡镇，自1964—1982年近20年一直被作为商品销往香港等地。1983年后受石岐鸡的冲击，五华三黄鸡一度陷入养殖、销售低谷。此外，国内外肉用鸡品种先后多批引进，在一定程度上使五华三黄鸡的优良种质基因受到影响，出现混杂，加上饲养方法落后，极大地制约着五华三黄鸡向产业化、规模化发展。2003年政府相关部门推出了保种复壮计划，在世博会上展出。2006年，在农业部组织的全国畜禽品种普查工作中，五华三黄鸡被确定为《中国禽类遗传资源》中的优良品种之一，这促进了地方政府加大对五华三黄鸡的保护以及推广利用。例如梅州市人民政府办公室印发《关于继续实施畜牧品种改良促进畜牧业发展议案（五年）总体实施方案的通知》（梅市府办〔2009〕25号），声明积极实施五华三黄鸡的保护和开发利用，加强种畜禽的质量监督管理工作，严格执行种畜禽生产经营许可证制度。《梅州市农业局关于加快改造传统农业促进农业增效农民增收工作意见的通知》（梅市府办〔2009〕99号）中强调加强对五华三黄鸡的开发研究，加快推进农业技术研发和良种培育体系建设，加强农业管理和农技实用型人才培训，以技术和人才为驱动，促进科技成果转化，努力增强农业发展新优势，取得新成果。此外，梅州市畜牧兽医局在《梅州市2011年畜牧业工作要点》中指出，继续实施五华三黄鸡的保护和开发利用工程，打造梅州市畜牧业品牌。与此同时，嘉应学院生命科学学院、梅州市畜牧兽医局在地方政府相关部门的配合下，充分利用各有利资源、条件开展了畜禽地方品种的保护工作，扩大品种资源等方面的前期研究工作。社会各企业纷纷投入到五华三黄鸡的保种与生产中，例如，五华县天成三黄鸡种禽场在行业行政管理部门的指导下开展保种选育工种，市级农业龙头企业梅州丰华有机农业发展有限公司大规模生态养殖五华三黄鸡，促使五华三黄鸡重返人们餐桌。

4.5.1.2 资源利用现状

目前，五华三黄鸡大宗养殖模式以农户自发饲养为主，专业户集中饲养为辅。农村饲养五华三黄鸡以利用房屋前后的竹林、山地、草坪放牧为主，粗放饲养，自主觅食，或以农产品稻谷、米糠饲养为主，辅之玉米、大麦、小麦等，食品添加剂和饲料使用少，使得其肉质细嫩、脂肪含量低、营养价值高、味鲜美，具有浓郁野生风味。随着消费者生活水平的不断提高，人们对优质和传统食品的追求也不断增强，进而对"土三黄鸡"的需求逐渐加大。五华三黄鸡的市场需求量也逐渐增长，但常常供不应求。

家禽产品深加工是刺激消费增长的重要措施，也是家禽产业化经营的核心。然而，五华三黄鸡产业产品比较单一，基本上是活鸡上市，加工产品非常薄弱。只有小部分农户进行简单的加工，例如鸡蛋分类销售等。

23

4.5.2　五华三黄鸡保护发展对策

4.5.2.1　开展保种选育技术研究，建立健全良种繁育体系

据调查，目前五华三黄鸡的种群数量少，市场上大部分流动的鸡禽主要来自外地，这种情况主要是因为人民的小农意识强，加上外来引进鸡种的冲击，五华三黄鸡的数量更加稀少。因此，开展五华三黄鸡保种选育技术研究，建立五华三黄鸡健全良种繁育体系势在必行。应充分利用五华本地资源优势，原地保护，建立良种繁育基地，按市场导向进行建设和发展，并且在政府帮助规范和引导的情况下，联合高校、科研单位以及企业建立五华三黄鸡种鸡的繁育体系，进一步提高商品鸡的生产水平和产品品质，同时确保"五华三黄鸡遗传资源"得到保护。

4.5.2.2　形成合理的资源开发利用体系，加强养鸡技术的培训

邀请和聘请有关专家对五华三黄鸡养殖机构进行畜禽遗传资源保护知识及养殖技术培训，提高增殖速度和解决疾病防治问题等，形成合理、有效的保护体系。此外，在确定五华三黄鸡新的品种标准、生态养殖技术标准的情况下，申请无公害五华三黄鸡产品认证，申请国家商标注册，申报国家技术（养殖）专利，争取在3～5年内形成产业化、专业化、规模化的技术养殖大型企业，最终达到为地方经济服务的目的。

4.5.2.3　加大开发利用，提高五华三黄鸡市场竞争力

打造多元化的优质五华三黄鸡市场，包括羽色多元化，体重多元化，品牌、品味多元化，上市日龄多元化，销售方式多元化，加工方式多元化等。在搞好本品种遗传资源保护的基础上要加快开发利用，以开发促保护，达到保用并举以及促保的目的。要探索市场经济条件下的保护模式，随着市场经济的发展，要发挥本品种优势资源，参与市场竞争，推广配套养殖技术，改良本品种、培育新品种，提高繁殖率，改善畜产品品质，将资源优势转变为生产优势，引导形成以开发促保护的运行机制，形成多元化保护及开发的新局面。

4.5.2.4　充分利用资源，发展五华三黄鸡产品及副产品加工

在整个家禽产业供应链中，家禽养殖只是中间一环，上游产业有种植、化工、医药、饲料加工，下游产业有禽肉禽蛋深加工、流通业等。因此，可以通过借鉴许多国内外的经验及本地加工的传统和优势，例如制作鸡肉快餐、客家盐焗食品，将鸡蛋进行分级和包装处理，以及大力开发蛋粉、液体蛋等新型蛋制品。同时，综合利用家禽加工中的副产品，如禽血、骨、羽毛、蛋壳等，这不仅能减少对周围环境的污染，避免很大的资源浪费，而且能使其

变废为宝，增加养禽业的综合经济效益。

4.5.2.5 创立优质鸡品牌，开发市场销售途径

在企业的精心培育下，不同的企业开发了不同的品牌，例如广西金陵集团的金陵黄鸡、参皇集团的参皇鸡，清远市三源清远鸡养殖有限公司的三源鸡等。随着人民生活水平的提高和消费意识的增强，人们对食品质量的要求越来越高，因此创立优质鸡品牌是市场经济未来发展的趋势。政府部门应以贴标签、授权的形式对创立的品牌加以保护，加强对优质鸡育种、供种、生产、加工、销售等各环节的监控管理，做到优质优价，保护优质鸡生产者的积极性，保障消费者权益。生产机制日益完善：生产—市场—专——直销，形成了市场垄断的趋势，因此，保持核心竞争力，形成特色养殖技术，开发市场销售途径，对促进地方养殖业的发展、农业增收和农民致富具有重要意义。

4.6　五华三黄鸡提纯选育技术及效果研究

4.6.1　五华三黄鸡提纯选育技术研究

4.6.1.1 技术流程

（1）目的性状。五华三黄鸡体质结实，体躯略宽、较深，背部和龙骨平直，尾羽较短而翘起。喙较短、稍弯，呈黄色。单冠，色鲜红。眼中等大小，有神，虹彩橘红色。全身羽毛纯黄色，有的色稍深，尾羽、翼羽有少许杂色或无杂色，但无其他斑点。主翼羽紧贴身躯，腿部羽毛厚而松，呈球状凸出。该鸡种可分无胡须和有胡须两种类型：无胡须者头较小，冠、肉髯、耳叶较厚而大；有胡须者耳较薄而小。皮肤、胫、趾均为黄色。

（2）建立核心群。按目的性状的标准在五华县天成三黄鸡种禽场选留第三代550羽混合雏群（♂：50羽，♀：500羽）作为实验材料，按1公10母建立50个家系，依照以下要求对其外貌特征、体重、产蛋记录等表型特征进行选育：①外貌特征符合目的性状的标准，体质健壮、结构均匀、发育良好、无畸形；②体重要求：成年公母鸡体重分别在 $1\,550 \pm 150.67$ g 和 $1\,125 \pm 31.95$ g 范围内；③每对三黄鸡年产蛋量达155个以上。从中复选出符合目标特征且生产性能高的种鸡330羽（♂：30羽，♀：300羽）作为零（选育的第三代）世代选育核心群，进行纯系选育。

（3）核心群后代的选育。核心群后代要做好标记，专栏饲养，经过初选、复选和最后鉴定三次选择后才可合格地加入核心群，选择过程如下。

一日龄初选：出雏时，边戴翅号边称重，查证并记录父号母号。统计各

家系受精率、孵化率及健雏率等指标，淘汰毛色等明显不符合品种特征的鸡只及残弱雏，选出合格个体进行称重并记录。

25 周龄选种：25 周龄个体称重，仔细记录个体翅号和个体重，淘汰不符合目的性状标准且体重达不到 1 000g 的个体。该时期的选种从质量性状和数量性状两方面入手。羽毛和皮肤黄色、喙短稍弯、冠鲜红、眼中等大小有神是标准的质量性状，凡不符合以上标准的直接淘汰。对于 90 日龄体重、开产日龄、平均蛋重、产蛋数等数量性状的选择，采用全同胞家系选育方法，对各家系的数量性状进行成绩排名，将家系综合成绩排在前 30% 且全同胞成绩好的个体选留。配对时，要求公母鸡同一品种、同一羽色类型，严禁近亲交配。

最后鉴定：50 周龄个体称重，做好记录，淘汰不符合目的性状的个体。该阶段继续采用全同胞家系的选育方法，并结合受精率达 90%、孵化率达 85% 等繁殖性能的标准进行选择，凡符合条件者为合格，将其补入核心群中。

（4）核心群的扩大。第一次选择的核心群三黄鸡只是根据外貌与生理特征结合产蛋孵化情况鉴定优劣。选出来的鸡是否能将它们的优良性状传给下一代，必须观察其后代的生长发育和生产情况。核心群的后代应做好系谱记录，根据后代情况对核心群进行后裔鉴定。把符合选择条件的优良后代加入核心群的同时，要及时将后代品质差的三黄鸡淘汰出核心群，使核心群不断扩大、更新，质量不断提高。

4.6.1.2 饲养管理

（1）育雏阶段。三黄鸡出壳后的 1 个月内是雏鸡成活的重要阶段，温度的控制最为关键，一般采用人工保温饲养，雏鸡出壳第 1 天的温度要达到 33℃，以后每 2 天降低 1℃，降至 19℃～21℃时保持恒定，1 个月后逐步缩短人工保温时间，直至雏鸡适应脱离人工保温的环境。雏鸡的饲养环境为平地室，放入室内饲养前，需将地面、饮水器和喂料器等用具严格消毒，并在地面铺上垫料，待气味消失后再放鸡。喂养雏鸡前，先让其饮用消毒液清洗其肠胃，2h 后换为营养水，最后再让其进食，即采用先饮水后进食的饲养方式。此外，还要注意做好疫病的预防，1 日龄时接种马立克氏疫苗，8 日龄时接种鸡新城疫Ⅱ系苗＋传支 H120 滴鼻，14 日龄时用法氏囊疫苗 2 倍液饮水，16 日龄时接种禽流感疫苗 H5 亚型。

（2）育成阶段。雏鸡脱温后便进入育成阶段，此阶段采用的是放牧饲养，放牧时间要逐渐延长，给三黄鸡一个适应的过程，直至全天放牧。为加速鸡的快速生长，育成期的鸡应日喂三餐，可适当加入些青饲料，并提供饮水且记得经常更换。在放牧过程中，注意做好疫苗注射和定期驱虫措施，50 日龄时进行鸡新城疫Ⅰ系苗的免疫注射，同时进行禽出败菌苗的免疫注射，60日龄和135日龄时分别进行禽流感疫苗的二免和三免。由于野外放牧环境复杂，因此要每30天用驱虫药物给鸡驱虫。

（3）育肥阶段。三黄鸡经过育成阶段的放养后，基本上已长成成年鸡，进入育肥阶段，此阶段对种鸡进行全程关养，应减少高蛋白质饲料的用量，增加高能量饲料的用量并适当喂些青饲料，每天下午将鸡放出运动3h左右。

4.6.2 五华三黄鸡提纯选育效果

通过查阅文献、直接观察和实验等研究方法，对第四代以后的五华三黄鸡的提纯选育效果进行研究分析，分别从外貌特征、产肉性能、pH值测定、系水力测定、胸肌常规生化成分测定等几个方面进行分析，并与F0世代比较。

4.6.2.1 外形特征

（1）通过三代的选育其外形几乎达到外形标准（见图9、图10、图11）。

图9 原种五华三黄鸡（左为母，右为公）

图10 选育的第三代五华三黄鸡（左为公，右为母）

图11 选育的第五代五华三黄鸡种鸡

（2）体形的变化。经过连续三个世代的选育，五华三黄鸡的体重和体形变化如表18所示。可以看出，同一世代公鸡的体重、体斜长、胸宽、胸深、龙骨长和胫长均大于母鸡，说明公鸡的体形比母鸡大；与零世代相比，第三世代公母鸡的体尺性状均得到了显著的提高，且公鸡提高的幅度比母鸡大，说明经提纯选育后，三黄鸡的骨骼发育程度得到提高，体尺得到改善，且公鸡的改善效果比母鸡更明显。

表18　五华三黄鸡的体尺变化

世代	性别	体重（g）	体斜长（cm）	胸宽（cm）	胸深（cm）	龙骨长（cm）	胫长（cm）
0	♂	1 450±150.67	18.20±0.47	6.28±0.40	9.63±0.63	8.44±0.26	7.76±0.71
	♀	965.00±128.71	16.28±1.95	6.09±0.35	8.51±1.49	7.80±0.46	7.69±0.68
3	♂	1 537.50±130.81	19.19±0.76	6.92±0.70	10.58±0.46	9.00±0.54	9.93±0.25
	♀	1 155±31.95	18.18±0.40	6.15±0.34	9.63±0.62	9.53±0.47	7.75±0.42

4.6.2.2　产肉性能

由表19可以看出：五华三黄鸡产肉性能的各项相关指标均呈现较高水平，其中屠宰率高于80%，全净膛率高达60%，符合良好的产肉性能所具备的要求；除了腹脂率外，同一世代的公鸡其他产肉性能指标均比母鸡高，从中可看出母鸡的脂肪含量较高；与零世代相比，第三世代的公母鸡产肉性能各项指标均得到提高，其中公鸡提高效果更显著。

表19　五华三黄鸡的产肉性能

单位：%

世代	性别	屠宰率	半净膛率	全净膛率	腹脂率	胸肌率	腿肌率
0	♂	88.63±1.19	76.19±2.43	62.72±1.92	0.44±0.11	12.94±0.39	10.74±0.09
	♀	90.71±0.91	72.12±2.03	57.93±2.70	0.55±0.07	12.43±0.59	10.27±0.38
3	♂	89.62±2.89	82.76±2.74	64.14±0.28	89.62±2.89	17.93±1.66	20.67±0.96
	♀	92.62±0.63	77.74±2.53	61.94±1.73	0.85±1.22	12.77±3.84	15.61±5.90

4.6.2.3　不同世代的肉质比较

肉质测定分为三个项目：pH值测定、系水力测定、胸肌常规生化成分测定（水分、粗脂肪、粗蛋白）。

（1）pH 值的比较。五华三黄鸡不同世代的 pH 值变化如表 20 所示。由此表可见，零世代的三黄鸡 pH 值在不同时间的差异极显著，第三世代的则差异不显著。这两个世代经过宰杀 24h 后，pH 值均下降，且第三世代的下降幅度比零世代的小。数值变化幅度在 5.43 ~ 5.84（成熟阶段）。

表 20　不同世代五华三黄鸡的 pH 值比较

世代	性别	pH_1	pH_{24}
0	♂	5.95 ± 0.63[A]	5.43 ± 0.11[B]
	♀	6.25 ± 0.59[A]	5.60 ± 0.05[B]
3	♂	6.14 ± 0.35	5.81 ± 0.38
	♀	6.15 ± 0.33	5.84 ± 0.38

（2）系水力的比较。五华三黄鸡不同世代的系水力比较如表 21 所示。由此表可见，在同一世代中，公鸡的失水率和滴水损失率均比母鸡的低，熟肉率比母鸡的高；零世代的失水率在 10% ~ 20%、熟肉率在 40% 左右、滴水损失率在 10% ~ 20%，第三世代的五华三黄鸡失水率在 10% ~ 15%、熟肉率在65% 左右、滴水损失率在 6% ~ 7%。可见，经过三个世代的选育，五华三黄鸡的失水率和滴水损失率下降，熟肉率升高。从总体上看，失水率和滴水损失率的数值较低，熟肉率数值较高。

表 21　不同世代五华三黄鸡的系水力比较

单位：%

世代	性别	失水率	熟肉率	滴水损失率
0	♂	14.99 ± 0.78	42.14 ± 1.61	10.74 ± 1.89
	♀	19.61 ± 1.84	39.81 ± 4.39	16.08 ± 2.47
3	♂	13.91 ± 1.52	65.05 ± 2.75	6.53 ± 0.68
	♀	14.93 ± 0.67	65.30 ± 2.14	6.60 ± 0.25

（3）肌肉（胸肌）常规生化成分的比较。五华三黄鸡不同世代的常规生化成分比较如表 22 所示。零世代的粗蛋白呈显著差异，水分呈极显著差异，粗脂肪则差异不显著，第三世代公鸡的粗蛋白和水分大于母鸡，母鸡的粗脂肪极显著大于公鸡；经过三个世代的选育，五华三黄鸡中母鸡的粗蛋白、粗脂肪提高，水分降低，而公鸡的粗蛋白提高，粗脂肪和水分呈现下降趋势。

表22 不同世代五华三黄鸡的常规生化成分比较

单位：%

世代	性别	粗蛋白	粗脂肪	水分
0	♂	20.23 ± 0.89^{b}	2.58 ± 0.71	77.95 ± 0.18^{A}
	♀	21.86 ± 1.40^{a}	0.47 ± 0.07	77.24 ± 0.27^{B}
3	♂	24.90 ± 0.66^{A}	1.49 ± 0.15^{B}	70.47 ± 2.05^{a}
	♀	22.53 ± 1.59^{B}	1.60 ± 0.32^{A}	68.74 ± 4.06^{b}

综上所述，五华三黄鸡经过提纯复壮选育技术后，外貌越来越符合地方品种的标准，生长发育更加良好，产肉性能和系水力增强，营养物质更多且损失更少。这些结果说明五华三黄鸡的提纯选育取得了一定的进展，使得其市场竞争力提高，能为当地带来更大的经济效益。

4.7 技术适用范围与效益分析

4.7.1 技术重点与适用范围

本项目属于农业技术应用基础研究范畴，涉及分子生物学、生物化学、动物分子营养学、分子遗传学、动物育种学及动物饲养学等多学科理论、技术与方法。已选育的五华三黄鸡其品种性状稳定，只要尊重动物育种规律，运用科学的饲养方法，采取健康、福利养殖模式，就能获得可观的效益。该项目可根据自身的社会、自然和经济条件，适宜养殖企业集约化、家庭农场规模化、村民自发合作化、农村小户散养化等多个方式养殖。该项目采取健康、福利、生态养殖模式，获得精致、高效、有机、健康的鸡禽产品，从而满足人们物质和精神的需要。

4.7.2 市场预测及社会经济效益分析

根据调查，目前梅州市三黄鸡规模养殖发展迅速，生产效益稳定提高；良种繁育体系进一步健全和完善，品种改良较快；动物防疫网络逐步完善，有效地保障了畜牧业生产的持续快速健康发展；畜牧业基础设施逐步完善，但投资不足，仍需改善。目前，五华三黄鸡大宗养殖模式以农户自发饲养为主，专业户集中饲养为辅，作为地方品种——五华三黄鸡仍有诱人的优势，这将进一步促进五华三黄鸡的养殖。其优势如下：

（1）市场竞争的优势。随着人们生活水平的提高，人们喜食鸡味浓郁的地方鸡种。20 世纪 70 年代，人们经济收入低，吃鸡比较困难，只要有鸡吃，就满足了，所以肉用仔鸡还有一定的市场。到了 90 年代，人们的经济收入不断提高，可消费的动物性产品也极其丰富，消费者开始追求高质量的食物，地方鸡种具有肉质嫩滑、口感好、营养丰富的特点，即使地方鸡种的价格比肉用仔鸡高一倍，人们也很愿意吃地方鸡种。因此，五华三黄鸡被重新端上宴席，成为客家特产——盐焗鸡的优质原料。

（2）品种竞争的优势。在相应的地区具有适应性，饲养者不必花大成本去引种，利用本地的鸡种进行提纯复壮，自繁自养，成本低，收益高；人民和政府对生物多样性的了解逐渐提高，保护地方原种这一认识得到重视，同时创立生物品牌也得到关注。

（3）饲料成本低的优势。近年来，粮食连年丰收，许多地区的农民为了解决卖粮难的问题，利用本地鸡种自繁自养，促进了地方鸡种的发展。梅州属于山区，农耕面积广，农产品丰富，劳动力富裕，因此，地方鸡种的饲养一般是以农产品稻谷、米糠为主，辅之玉米、大麦、小麦等，饲料添加剂和全价饲料使用少，成本相对低廉。

随着 21 世纪的到来，五华三黄鸡特有种质资源挖掘与利用将在五个方面取得突破。第一，建立五华三黄鸡良繁体系。建立市、县、养殖户三级良繁体系是项目实施的关键，是全面完成推广任务的基础。因此，课题要把建立健全"三级"繁育体系作为重中之重的工作来抓，建设以五华县原种五华三黄鸡鸡场为龙头，以繁育中心为主体，以标准化生产基地乡镇户为依托的五华三黄鸡健康生态标准化生产繁育体系。第二，结合分子遗传育种技术加强五华三黄鸡品种特性的保持与改良。在五华三黄鸡繁育过程中提纯、去杂去劣，不断提高其技术指标，使其生产性能达到 50 日龄羽毛长齐，150～180 日龄达到成年体重，公鸡 1.4～1.7kg，母鸡 1.0～1.2kg，210 日龄开产，年产蛋 155 枚，屠宰率为 72.5%。第三，降低脂肪含量，将 FABP 基因作为影响鸡肉质性状的候选基因加以研究，旨在弄清鸡 FABP 基因的遗传变异，继而以此为分子遗传标记进行辅助选择，为在培育肉质细嫩、风味独特的优质五华三黄鸡育种实践中利用基因辅助选择的手段奠定基础。第四，健全疾病防治体系。疾病防治体系的建设重点是加强五华三黄鸡常见病和某些传染病（尤其是人畜共患病）的控制，确保五华三黄鸡产品的质量安全。重点建立五华三黄鸡疫病预测预报网络，完善基层畜牧兽医站。第五，加强质量监控体系。五华三黄鸡质量监控的重点是建立和完善新产品质量标准体系，建立产品质量追溯制度，把好市场准入关口。

5 结论与进一步研究的问题

5.1 结 论

通过国家一级科技查新咨询单位——广东省科学技术情报研究所对该项目进行国内科技查新所提供的查新报告结论显示,该研究成果与国内的同类研究和技术相比,具有如下创新与发展:

(1)首次利用分子生物学、生物化学、动物分子营养学等学科知识系统地对五华三黄鸡的生物学特性、生产性能和生理特性进行全面的观测和研究,运用诸多的计算方法、技术和应用软件量性分析其具体指标参数,确定品种特性。

(2)通过对五华三黄鸡资源保护和利用现状进行调查研究,首次采用分子遗传技术,分析了五华三黄鸡种群遗传多样性与遗传结构,以及保护和利用等方面存在的主要问题,并提出保护对策。

(3)率先开展五华三黄鸡的保种选育工作,通过从保护地选择的原种,采用第一、二代纯种繁育,第三至五代以后实行品系内杂交选育,建立核心群,然后通过直接观察和实验研究等方法,对五华三黄鸡的提纯选育效果分别从体形外貌、产肉性能、pH 值、系水力、常规化学成分几个方面进行分析,并与 F0 世代比较,并对已严重杂交的五华三黄鸡提纯选育三个世代以后,使其体形外貌与五华三黄鸡地方品种标准相接近。

(4)在开展五华三黄鸡资源保护的研究中,首次总结其资源保护与利用现状,找出了保护和利用存在的主要问题,分析了五华三黄鸡的形成历史,并从多个角度提出了具有科学性、针对性和实用性的保护对策,从而为指导梅州市地方畜禽品种资源保护,促进地方社会经济发展,更好地保护和利用地方品种资源提供科学依据。

5.2 有待进一步研究的问题

(1)继续开展五华三黄鸡保种选育技术研究,加快提纯复壮的效果和速度,扩大原始种群数量。

(2)深入开展五华三黄鸡生态健康养殖技术集成与应用示范,编制五华三黄鸡生态养殖技术标准,为人们尽快提供有机健康食品。

(3)开展五华三黄鸡产品深加工,结合客家传统的加工产品和工艺,保持和创新传统产品,开发新的产品。

第二部分　专题研究

五华三黄鸡品种特性研究

钟　鸣　钟福生　翁苗先　李威娜　黄勋和　陈洁波

摘　要：为了更好地保护和开发利用五华三黄鸡的遗传资源，以广东省五华县横陂镇叶湖三黄鸡保种场2011年60个家系五华三黄鸡为素材，对五华三黄鸡的外形特征、体尺、体重、生长发育规律、屠宰性能、肉质、血液等进行观察和测定。结果表明：五华三黄鸡胸深较深、胫长较长；生长发育比较缓慢，成鸡所需时间较长，210日龄均重公鸡1 563.89g、母鸡1 190.42g。屠宰率公鸡89.62%、母鸡92.62%，半净膛率公鸡82.76%、母鸡77.74%，全净膛率公鸡70.72%、母鸡63.94%；肌肉pH值6.1、腿肌粗蛋白含量公鸡26.90%、母鸡25.86%，腿肌粗脂肪含量公鸡1.58%、母鸡2.47%；此外还测定了心、肝、脑、肌胃粗蛋白与粗脂肪含量；150～160日龄开产，开产蛋重为15.1g，年产量平均为155枚，受精率90%，孵化率85%，健雏率94.3%；此外还对血液生理生化指标进行了测定。

关键词：五华三黄鸡；品种；体尺；屠宰性能；肉质；血液

五华三黄鸡原产于五华县的横陂、水寨、河东、转水、华城、岐岭、潭下、长布、双华、安流、棉洋等乡镇，自20世纪70年代末以来，由于先后多批引进国内外肉用鸡品种，在一定程度上使五华三黄鸡的优良种质基因受到影响，出现混杂，加上饲养方法落后，极大地制约着五华三黄鸡向产业化、规模化发展。至目前为止，品种特性研究尚属空白。作为地方品种——五华三黄鸡仍有诱人的优势，这将进一步促进五华三黄鸡的养殖。

随着农业结构调整力度的加大，如何利用农村劳动力和闲置的农业资源促进农民增收，成为科技人员服务"三农"的新课题。笔者在导师前期研究的基础上，结合广东省、教育部产学研结合项目资助的研究内容，通过对五华三黄鸡品种特性的研究，以优质、高产、高效、安全、生态为目标，确定品种标准，集成养殖关键技术，制定生态养殖技术规范，保障五华三黄鸡养殖业健康发展；开展应用示范，推广生态养殖技术，加大开发利用，提高五华三黄鸡的市场竞争力。对于建立"无公害标准化养殖"五华三黄鸡，推广传统农家养的五华三黄鸡具有重要的现实意义。

1　材料与方法

1.1　研究对象

本课题研究对象选自梅州市丰华有机农业发展有限公司五华三黄鸡养殖场和五华县天成种禽场的五华三黄鸡。选择放养的鸡群：体质结实，体躯略宽、较深，背部和龙骨平直，尾羽较短而翘起，呈黑褐色；喙较短、稍弯，呈黄色；单冠，色鲜红；眼中等大小，有神，虹彩橘红色；全身羽毛纯黄色，但无其他斑点；主翼羽紧贴身躯，腿部羽毛厚而松，呈球状凸出；头较小，冠、肉髯、耳叶较厚而大；皮肤、胫、趾均为黄色。

1.2　研究地概况

1.2.1　地理位置

五华县位于广东省东北部，韩江上游。它是粤东丘陵地带的一部分，地处北纬$23°23' \sim 24°12'$，东经$115°18' \sim 116°02'$，全县地形为菱形，总面积达$3\,226.06km^2$，占广东省面积的1.47%；横陂镇位于五华县城西南8km，总面积236km^2。现有耕地面积40 393亩，其中水田31 629亩。① 梅州丰华有机农业发展有限公司的生产基地——港资第一个在梅州兴办的有机农业生产基地就建在五华县横陂镇叶湖村。该公司处在琴江河故道改造的1 200亩田地里，地处山清水秀的山脚；其三黄鸡养殖场也建在远离城市、面积近100亩的山坡上，空气清新，水质清洁，非常适合五华三黄鸡的生态养殖。

1.2.2　自然条件

五华县地处中南亚热带湿润区，年平均气温20.6℃。1月平均气温11.9℃，7月平均气温28.7℃，3—9月为雨季，年平均降雨量为1 498mm。五华县四周山岭为障，境内地形复杂，山地丘陵相间，河谷盆地交错。其中山地占49.1%，丘陵占41.3%，河谷占5.4%，盆地占4.2%，地势西南高，东北低。五华境内两支山脉的走向、重叠的山峦、纵横的河流小溪，构成了全境地形复杂多样的格局。琴江、五华河沿岸狭长的河谷地带，南起梅林北

---

① 广东五华县概况 [EB/OL]. (2010 – 04 – 16). http：//www.gdmxjy.com.

部，北至水寨河口，西起蓝关，东至大坝，由于大自然变迁，侵蚀冲积，形成了河谷平原。[①] 五华县地质构造复杂，演变历史悠久，水成岩、火成岩及变质岩相互交错，以至于地形高低起伏，奇峰秀丽，并形成了黄壤、红壤、赤红壤、紫色土、水稻土、潮沙泥土和菜园土等土壤类型，为五华三黄鸡的养殖提供了良好的自然条件。

1.2.3 社会及人文条件

近年来，五华县新发展现代农业项目 23 个，完成投资 1.68 亿元。各镇兴办种植 500 亩以上和一定规模的养殖示范基地 30 个，示范基地总面积 15 350 亩。全年引进工业项目 20 个，投资总额 5.9 亿元。2007 年，横陂镇积极建设社会主义新农村，实施农业经济结构调整，加快农业产业化进程。全年粮食种植面积 7.88 万亩，总产 3.033 6 × 10^{4}t，水稻种植面积 6.21 亩，其中抛秧面积占水稻种植面积 99% 以上，总产 2.7 × 10^{4}t，与 2006 年基本持平。种植优质烤烟 2 800 亩，收购干烟叶 210 000kg，增加农民收入 2 420 000 元，种植其他经济作物总产量 5 734t。全年生猪饲养 82 302 头，出栏 49 700 头，实现肉类总产 4 046t。全年蔬菜总产 15 734t，水产品总产 861t，水果总产 3 570t，分别比上一年增长 8.1%、11%、7%。2008 年，该镇农村总劳动力 39 939 人，外出务工劳动力 15 833 人，从事家庭经营 24 549 人，农村人年均收入 3 715 元，比上一年增加 5%。[②]

1.3 饲养环境

1.3.1 喂养形式

1.3.1.1 放养方式

本研究采取散养法，大部分时间对 7 周龄脱温后的鸡放养在平地或豆荚地上，开始要进行一段时间放养训练，采用吹哨的方式进行训练，清晨把鸡放出，让鸡自由地采食野草、虫类，使鸡听到哨声就能聚集起来吃料和定时饮水，晚上所有的鸡都能回鸡舍补料，训练成有规律的条件反射。不能突然改变饲料，要采用逐步过渡的方法，让鸡群有过渡适应时间，在放养前后 3d，于饲料中添加适量的维生素和中草药制剂，以提高鸡的抗病能力。

---

① 吕进宏，马立保. 饲养方式及营养对肉鸡肉质影响的研究进展 [J]. 饲料博览，2004（8）：32－34.

② 广东五华县概况 [EB/OL].（2010－04－16）. http：//www.gdmxjy.com.

梅州市丰华有机农业发展有限公司五华三黄鸡养殖场东西两边的放养地（见图1、图2）约为鸡舍面积3倍的农田豆荚地，放养密度约为1 000只/亩。豆荚地里种上了猪屎豆（*Crotalaria pallida*）。猪屎豆又称响铃草、野黄豆草、亚灌木状直立草本，高达1m，三出复叶，总状花序，荚果圆柱状，种子多数，花果期6—11月，是一种豆科绿肥用植物，一年生或多年生，含蛋白质高，故多被利用作饲料。其种植成本低，具有丰富的根瘤菌，可迅速改善土壤结构，增加土壤肥力及防止水土流失。同时鸡粪给猪屎豆提供更多的养料，使猪屎豆和三黄鸡在同一生态环境中互利共生，改善了三黄鸡鸡肉品质，进而提高了经济效益。

图1　丰华三黄鸡养殖场一角

图2　丰华三黄鸡养殖场一角

育成舍旁边的沼气废液池里生长着大量的水浮莲，它能净化池中水质，池中大量的微生物和虫子以及水浮莲可以供三黄鸡采食，提高三黄鸡体内的营养结构。荷塘边的土壤含有大量的盐分，三黄鸡采食后能使其肉质鲜嫩。

养鸡场坐北朝南，冬天阳光充足，夏天有猪屎豆枝叶遮挡炎炎烈日，空气流通，给三黄鸡造就一个凉爽适宜的生长环境。鸡群运动量大，肌肉发达，生长缓慢，使其羽毛丰满，色泽光亮，肌肉结实，脂肪沉积均匀，骨细肉嫩，风味独特，营养价值高。

1.3.1.2　日粮搭配

以放养为主，补料为辅的饲养方式。由于生态健康养鸡要求少喂多运动，延长饲养期，因而在饲料配制上有较大的改变。[①] 放养鸡喂料，头5d仍按原来的饲料量饲喂，以后早晨少喂，晚上喂饱，中午酌情补喂，至10周龄后只晚上喂1次。猪屎豆的种植及鸡粪使土壤肥力迅速改善，孕育了各种小草，步行虫、灯蛾、蚂蚁、蜗牛、甲虫、蟋蟀、蝼蛄等昆虫大量繁殖，给三黄鸡

---

① 向敏，匡晓东. 浅析绿色生态养殖对禽肉质营养的影响 [J]. 中国食物与营养，2006（4）：63 – 64.

提供了丰富的维生素和蛋白质,降低了饲料成本。营养标准由放养初的全部中鸡配合饲料逐步过渡至掺20%的米糠等杂粮和10%~15%青绿饲料,这样人为地促使鸡在果园中寻找食物,以增加鸡的活动量,使其主动地采食更多的有机物和营养物,可以减少饲料的投喂,降低生产成本。

1.3.2 日常管理

(1) 定期消毒:一般2~3周龄开始要用0.5%的百毒杀溶液喷雾进行定期带鸡消毒,加强鸡场的卫生管理,创造适宜的生态环境,减少各种应激,减少感染细菌和病毒的概率,切断疫病传播途径,严格控制各种疫病的发生,保证养鸡业健康发展。为了提高经济效益,养鸡场采用"全进全出"的饲养制度,让同一个鸡舍在同一时间里饲养同一日龄的鸡,又在同一时间放养及出栏。

(2) 免疫防疫:初生雏鸡在24h内注射马立克氏疫苗。由于野外放养增加了鸡群体内蛔虫、绦虫及腺胃、肌胃、小肠、盲肠多种线虫寄生,帝诺芬(伊维菌素和芬苯哒唑的复方制剂)以每千克鸡体重0.15g均匀拌入饲料中,可一次性驱除体内体表的所有寄生虫。[①] 在鸡发病时选用无污染、无残留的纯中药制剂代替抗生素治疗。

(3) 分群:在饲养过程中,同一群雏鸡因个体差异,出现强雏、弱雏和病雏等,对弱、病雏另圈饲养,最好放在育雏舍内温度较高的地方,有适当的活动面积和方便饮食的条件。由于公母鸡在生长速度和饲料转化率方面的差异,公鸡增重快、饲料效率高、个大体壮、竞争能力强,而母鸡沉积脂肪能力强、增重慢、饲料效率低,因此公母鸡要分群饲养。在7~8周龄时公鸡开始选种,选择生长发育良好、体格健壮、体重适宜的公鸡作为种鸡,其余公鸡作阉割处理,能改善肉质风味,提高销售价格。

(4) 病死鸡和鸡粪的无害化处理:养鸡生产中产生的粪尿和废水等,必须进行无害化处理,给鸡创造无污染、无公害的生态环境。[②] 丰华公司养殖场目前对鸡粪的处理方式分成两种,大部分埋到林果树或其他作物根下作基肥,改良土壤结构和增强肥力;小部分投入鱼塘营养基肥,一举多得,既保护了环境又降低了养鱼成本。对于病死鸡采取农村最常用也最简便的焚烧法处理,即挖一个深坑,放进木材,淋上汽油或酒精,再放上病死鸡,用干草点燃后彻底焚烧。

① 彭梅容. 山地放养鸡 [J]. 湖南饲料, 2006 (1): 38-39.
② 覃桂才. 传统农家方法饲养三黄鸡 [J]. 畜禽养殖, 2007 (1): 27-29.

1.4 研究方法

本研究通过对五华县横陂镇地理位置和自然优势的现场考察，结合五华县专业户、散户的三黄鸡养殖现状，对梅州丰华有机农业发展有限公司养殖的五华三黄鸡进行品种观测、养殖现状系统分析比较、实验室试验检测以及人工饲养，确定五华三黄鸡的品种特性，研究其生长发育规律。

1.4.1 直接观察法

通过对五华三黄鸡饲养的全过程跟踪，并对其生物学特性进行观察，了解鸡舍的建设原理及生态养殖的具体过程，最后整理有关资料。

1.4.1.1 外形观察及体尺测量

①选择健康体壮的成年五华三黄鸡 60 只（公鸡 15 只，母鸡 45 只），用于观察其生长情况。

②成年鸡体尺测量[①]包括：

体斜长：肩关节到坐骨结节的体表距离。

胸宽：两肩关节之间的体表距离。

胸深：胸区部位背面与腹部之间的体表距离。

胸骨长（龙骨长）：龙骨突到龙骨末端的距离。

胫长：跗骨关节到第三趾与第四趾的垂直距离。

1.4.1.2 生长发育规律观测

于 2011 年选取 60 只 3 个家系五华三黄鸡，设三个重复，在正常条件下饲养，分别在初生、7 日龄、14 日龄、21 日龄、30 日龄、60 日龄、120 日龄、150 日龄和 210 日龄测量鸡的体重。

1.4.1.3 产蛋性能、繁殖性能观测

开产日龄：从初生雏孵出起，到产第一个蛋止，这段时间的天数。

开产体重：母鸡产第一个蛋时称母鸡重量，求此时母鸡的平均体重。

产蛋数：种鸡年产蛋数的平均数。

蛋重：鸡蛋的平均质量。

受精率：分辨出受精卵，核算受精卵的百分比。

孵化率：本次实验为入孵蛋的孵化率，一般以百分比表示。（①计算孵化率时，头照死胎蛋也应计算在内，因为头照死胎蛋也有可能是由于孵化方法

---

① 王得前，陈国宏，吴信生，等. 仙居鸡的体尺测量及屠宰性能测定 [J]. 浙江畜牧兽医，2004（3）：21-24.

不当所致；②破蛋只要是受精的也在内，破蛋在入孵前应严格剔除，入孵后由于操作不当所造成的破损，也应当算为一项指标，破蛋也是一项损失，因此要包括在受精蛋数内计算孵化率。)

1.4.1.4　养殖环境

本研究对五华三黄鸡养殖场的周围环境进行现场观察。养殖场占地约2公顷，建在离县城约20公里的横陂镇叶湖村，附近无水泥厂、化工厂等产生噪音和化学气味的工厂的污染，周围有机种植的水稻和菜田不施任何农药化肥，且远离铁路、交通要道等噪音污染，给五华三黄鸡的养殖创造了一个宁静、安全、卫生的环境。养鸡场的场地高燥而平坦，阳光充足，通风、排水良好，有利于鸡场内、外环境的控制。鸡场的土壤以沙壤和壤土为宜，这样的土壤排水性能良好，隔热，不利于病原菌的繁殖，符合鸡场的卫生要求。

1.4.2　实验室检测法

1.4.2.1　实验材料

（1）实验器材：动物解剖器械、天平、标尺、卷尺、蒸屉、滤纸、铝锅、纱布、烧杯、托盘、蒸馏水、注射器（2mL 或 5mL）、吸管（5.0mL、1.0mL 和 0.5mL）、滴管、移液管（1mL、5mL）、玻璃棒、烧杯；电磁炉（广州越秀日用电器厂）、FA1604A 电子天平（上海精天电子仪器厂）、海尔 BCD - 182 冰箱、pH 试纸。

定氮蒸馏装置，如图3所示。

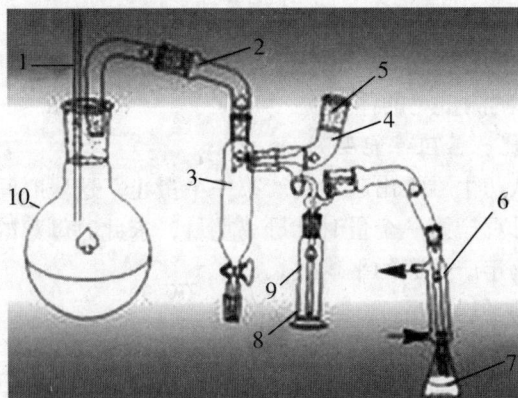

图3　凯氏定氮仪

注：1. 安全管；2. 导管；3. 汽水分离管；4. 样品入口；5. 塞子；6 冷凝管；7. 吸收瓶；8. 隔热液套；9. 反应管；10. 蒸汽发生瓶。

索氏提取装置：干燥器（直径 15～18cm，盛变色硅胶）、不锈钢镊子（长 20cm）、培养皿、分析天平（感量 0.001g）、称量瓶、恒温水浴锅、烘箱、样品筛（60 目）。

（2）实验试剂：蒸馏水、75% 酒精、95% 酒精、乙醚、硫酸铜、硫酸钾、硫酸、4% 硼酸溶液混合指示液（1 份 0.1% 甲基红乙醇溶液与 5 份 0.1% 溴甲酚绿乙醇溶液临用时混合）、40% 氢氧化钠溶液、0.001mol/L 盐酸标准溶液（所有试剂均用不含氨的蒸馏水配制）、无水乙醚。

以上实验器材及试剂均来自广东嘉应学院生物学实验教学示范中心。

1.4.2.2　实验室检测

（1）屠宰性能测定：屠宰前绝食 12h，供以充足饮水，以利放血完全，并可避免消化器官内容物过多，造成细菌污染。屠宰前也可断水 4h 左右，以利掌握水温，方便拔羽。当屠宰前断水时间过长，尤其是气温高时，会使鸡脱水，血液黏稠，宰杀放血不良，影响屠体品质。需要测定的数据包括：

①活重：屠宰前绝食 12h 后的体重，以克为单位记录。

②屠体重：放血去羽毛后的重量，用湿拔羽毛法要沥干后才称重。

③半净膛重：屠体去除气管、食道、嗉囊、肠、脾、胰、胆和生殖器官、肌胃内容物及角质膜后的重量。

④全净膛重：半净膛后去心、肝、腺胃、肌胃、脂肪及头、脚的重量。去头时，在第一颈椎骨与头部交界处连皮切开；去脚时，沿跗关节处切开。

⑤腹脂重：指剥离的腹部脂肪和肌胃周围脂肪的重量。

⑥胸肌重（左侧）：沿胸骨嵴中线切开皮肤，将左侧胸肌（包括胸大肌、胸小肌和第三胸肌）从胸骨上剥离出来，称胸肌重。

⑦腿肌重（左侧）：在鸡的背部以最后一节胸椎为起点，向后沿腰荐中线切开皮肤，至尾椎基部绕尾椎切开皮肤，向两侧与荐中线垂直（腿肌前缘），向腹部切开皮肤，然后在胸腹与大腿之间的皮肤中线处切开，直达耻骨端，用力使髋关节脱白，就可以完整取出腿部。将大、小腿肌肉剥离，称腿肌重。

⑧肝重：取下鸡肝，称重。

公式如下：

$$屠宰率（\%）=\frac{屠体重}{活重}\times100\%$$

$$半净膛率（\%）=\frac{半净膛重}{活重}\times100\%$$

$$全净膛率（\%）=\frac{全净膛重}{活重}\times100\%$$

$$腹脂率（\%）=\frac{腹脂重}{全净膛率}\times100\%$$

$$胸肌率（\%）=\frac{胸肌重}{全净膛率}\times100\%$$

$$腿肌率（\%）=\frac{腿肌重}{全净膛率}\times100\%$$

（2）肉品质测定：按照席鹏彬等编写的《鸡肉肉质评定方法研究进展》[①]进行采样实验。

①pH 值的测定：宰杀后，在 45min 内，立即切开皮肤，用 pH 试纸测定 pH_1 值。在 24h 后立即取同一只三黄鸡腿肉（在冰箱保鲜，10℃），测定肌肉 pH_{24} 值（24h 后的终点 pH 值），方法同上。

②失水率的测定：采用重量加压法测定失水率，在宰后 4h，采用 30kg 重量压力法进行测定。切取厚度为 1.0cm 的肉片，将肉样置于两层医用纱布之间，上下各垫 18 层滤纸。滤纸外层各放一块硬质塑料垫板，置于钢环允许膨胀压缩仪平台上，匀速加压至 30kg，保持 5min，撤出压力后立即称重。

$$失水率（\%）=\frac{压前重-压后重}{压前重}\times100\%$$

③熟肉率的测定：在宰后 4h 内，剥离后腿肌外膜和附着的脂肪，称重（精确到 0.1g），置于铝锅蒸屉上，用沸水蒸 30min，取出吊挂于阴凉处 15min 后称重。

$$熟肉率（\%）=\frac{蒸后重量}{蒸前重量}\times100\%$$

④滴水损失率的测定：切下 1cm×1cm×2.5cm 的三片肉，分别称重，置于充气的塑料薄膜袋中，不与袋接触，吊挂于冰箱中贮藏，于 10℃保存 72h，每 24h 称重一次，分别计算贮藏 24h、72h 的滴水损失率。

$$滴水损失率（\%）=\frac{原重-贮藏后重}{原重}\times100\%$$

① 席鹏彬，蒋宗勇，林映才，等．鸡肉肉质评定方法研究进展 [J]．动物营养学报，2006（S1）：347 - 352.

⑤粗蛋白的测定：A. 样品处理：精密称取 0.2～2.0g 固体样品移入干燥的 500mL 消化瓶中，加入 0.06g 硫酸铜、0.24g 硫酸钾及 10mL 硫酸，置于消化炉上 400℃消化半小时。取下放冷，将消化液移入 100mL 容量瓶中定容至 100mL，并用少量水洗消化瓶，洗液并入容量瓶中，再加水至刻度，混匀备用。取与处理样品相同量的硫酸铜、硫酸钾、硫酸，用同一方法做试剂空白试验。B. 按图组装好定氮装置，于水蒸气发生器内装水至约 2/3 处加甲基红指示剂数滴及数毫升硫酸，以保持水呈酸性，加入数粒玻璃珠（石粒）以防暴沸，用调压器控制，加热煮沸水蒸气发生瓶内的水。C. 向接收瓶内加入 10mL 2% 硼酸溶液及混合指示剂 2～3 滴，并使冷凝管的下端插入液面下，吸取 10mL 样品消化液由小玻璃杯流入反应室，并以 10mL 水洗涤小烧杯并使其流入反应室内，塞紧小玻璃杯的棒状玻璃塞。将 10mL 40% 氢氧化钠溶液倒入小玻璃杯，提起玻璃塞使其缓慢流入反应室，立即将玻璃盖塞紧，并加水于小玻璃杯以防漏气。夹紧螺旋夹，开始蒸馏，反应室内氨气通过冷凝管进入接收瓶内，蒸馏 8min。取下接收瓶，以 0.01mol/L 的盐酸标准溶液定至灰色或蓝紫色为终点。同时吸取 10mL 试剂空白消化液按 C 操作。

$$X（\%）=\frac{(V_1-V_2)\times N\times 0.014}{m\times\dfrac{10}{100}\times F}\times 100\%$$

X：样品中蛋白质的百分含量（%）；

V_1：样品消耗硫酸或盐酸标准液的体积（mL）；

V_2：试剂空白消耗硫酸或盐酸标准溶液的体积（mL）；

N：硫酸或盐酸标准溶液的当量浓度；

0.014：$1N$ 硫酸或盐酸标准溶液 1mL 相当于消化液中氮的克数；

m：样品的质量（体积）[g（mL）]；

F：氮换算为蛋白质的系数（一般 6.25 即为蛋白质）。

⑥粗脂肪的测定：A. 切片：将滤纸按 8cm×8cm 的规格切成片叠成一边不封口的纸包，用硬铅笔编写顺序号，按顺序排列在培养皿中。将盛有滤纸包的培养皿移入 105±2℃烘箱中干燥 2h，取出放入干燥器中，冷却至室温。按顺序将各滤纸包放入同一称量瓶中称重（记作 a），称量时室内相对湿度必须低于 70%。B. 包装和干燥：在上述已称重的滤纸包中装入 2g 左右研细的样品，封好包口，放入 105±2℃的烘箱中干燥 3h，移至干燥器中冷却至室温。按顺序号依次放入称量瓶中称重（记作 b）。C. 抽提：将装有样品的滤纸

包用长镊子放入抽提筒中，注入一次虹吸量 1.67 倍的无水乙醚，使样品完全浸没在乙醚中。连接好抽提器各部分，接通冷凝水水流，在恒温水浴中进行抽提，调节水温在 70℃ ~80℃ 之间，使冷凝下滴的乙醚成连珠状（120 ~150 滴/min 或回流 7 次/h 以上），抽提至抽取筒内的乙醚用滤纸点滴检查无油迹为止（需 6 ~12h）。抽提完毕后，用长镊子取出滤纸包，在通风处使乙醚挥发（抽提室温以 12℃ ~25℃ 为宜）。提取瓶中的乙醚另行回收。D. 称重：待乙醚挥发之后，将滤纸包置于 105±2℃ 烘箱中干燥 2h，放入干燥器冷却至恒重为止（记作 c）。

$$粗脂肪含量（\%）=\frac{b-c}{b-a}\times100\%$$

a：称量瓶加滤纸包重（g）；

b：称量瓶加滤纸包和烘干样重（g）；

c：称量瓶加滤纸包和抽提后烘干残渣重（g）。

（3）蛋品质测定：随机抽取五华三黄鸡所产种蛋 60 个，测定其蛋品质。所测项目包括蛋重、蛋色、蛋壳厚度、蛋壳相对重、蛋型指数、蛋黄指数、哈氏单位。测定方法按 NY/T823—2004[1] 规定的要求进行。

测定方法：电子天平称蛋重、蛋壳重；游标卡尺测定鸡蛋横径、纵径、蛋黄直径、蛋黄高度、浓度蛋白高度、蛋壳厚度（分尖、中、钝端 3 点测）。

指标计算方法如下：

$$蛋型指数=\frac{横径}{纵径}\times100\%；$$

$$蛋壳相对重=\frac{蛋壳重}{蛋重}\times100\%；$$

$$蛋黄指数=\frac{高度}{直径}\times100\%；$$

$$哈氏单位=100\times\log（浓度蛋白高度-1.7\times蛋重^{0.37}+7.6）。$$

---

① 家禽生产性能名词术语和度量统计方法：NY/T823—2004 ［S］. 北京：中国农业出版社，2004.

1.5 数据统计法

将实验所测得的数据及推算指标整理成表，用 Excel 软件建立数据库，采用 SPSS 16.0 统计软件对数据进行统计分析，结果以（平均数 ± 标准差）表示。

2 结果与分析

2.1 外形特征

2.1.1 **体形外貌**

五华三黄鸡（见图 4）体质结实，体躯略宽、较深，背部和龙骨平直，尾羽较短而翘起，呈黑褐色。喙较短、稍弯，呈黄色。单冠，色鲜红。眼中等大小，有神，虹彩橘红色。全身羽毛纯黄色，尾羽、翼羽有的色稍深，但无其他斑点，这是与其他三黄鸡的显著区别。养殖多年的母鸡羽毛颜色会变淡，而公鸡羽毛颜色会加深。主翼羽紧贴身躯，腿部羽毛厚而松，呈

图 4 选育的第五代五华三黄鸡种鸡

球状凸出。该鸡种可分无胡须和有胡须两种类型：无胡须者头较小，冠、肉髯、耳叶较厚而大；有胡须者耳较薄而小。皮肤、胫、趾均为黄色。属小型肉用品种。

2.1.2 **体 尺**

通过对五华三黄鸡的体斜长、胸宽、胸深、龙骨长、胫长的测量，得出其成体的量度，具体数据见表 1。

从表 1 可见，成年五华三黄鸡体斜长、胸宽、胸深和胫长，公母之间差异不显著，龙骨长公鸡显著大于母鸡，公鸡体重极显著大于母鸡。成年公鸡的体尺变异程度大于母鸡，说明母鸡的体形相对较匀称，公鸡的体形需要进一步选育纯合。体重变异程度较大，说明群体整齐度需要选育提高。

表 1　成年五华三黄鸡体尺统计表

性别	体重（g）	体斜长（cm）	胸宽（cm）	胸深（cm）	龙骨长（cm）	胫长（cm）
♂	1 563.89±317.28[A]	12.22±1.15[A]	7.88±0.55[A]	11.36±1.09	10.66±0.72[A]	8.38±0.97[A]
♀	1 190.42±251.04[B]	9.96±0.66[B]	5.96±0.48[B]	11.17±0.43	9.17±0.91[B]	6.25±0.44[B]

注：相同字母之间表示差异不显著（$p>0.05$），不同小写字母之间表示差异显著（$p<0.05$），不同大写字母之间表示差异极显著（$p<0.01$）。下表同。

2.2　屠宰性能

通过对五华三黄鸡进行屠宰测定，得出的一些参数如表2所示。

表 2　成年五华三黄鸡屠宰性能

项目	♂	♀
屠宰率（%）	89.62±2.89[A]	92.62±0.63[B]
半净膛率（%）	82.76±2.74[A]	77.74±2.53[B]
全净膛率（%）	70.72±1.92	63.94±1.73
胸肌率（%）	24.74±0.09[A]	20.27±0.38[B]
腿肌率（%）	17.93±1.66[A]	15.43±0.59[B]
腹脂率（%）	0.46±0.11[A]	0.55±0.07[B]
肝重（g）	25.36±8.23[A]	19.79±1.63[B]

从表2可见，成年五华三黄鸡母鸡的屠宰率、腹脂率极显著大于公鸡，公鸡的半净膛率、胸肌率、腿肌率和肝重极显著大于母鸡。全净膛率公母之间差异不显著。

公鸡屠宰率89.62%极显著小于母鸡屠宰率92.62%，而半净膛率82.76%却极显著大于母鸡77.74%，说明母鸡的内脏比重比公鸡大；公鸡胸肌率17.93%极显著大于母鸡15.43%，说明公鸡的胸部肌肉较丰满，产肉性能优于母鸡。

2.3　生长发育规律

于2011年选取60只3个家系五华三黄鸡，对各日龄的五华三黄鸡称量，得出其日龄体重与增重（如表3所示），并根据测定结果绘制五华三黄鸡的生长曲线图，见图5。

表3　五华三黄鸡生长发育规律

项目	1d	7d	14d	21d	30d	60d	90d	120d	150d	210d
体重（g）	21.4	35	56	81	121	270	485	575	840	1 000
绝对增重（g）		13.6	21	25	40	149	215	90	265	160
日均增重（g）		2.27	3	3.57	4.44	4.97	7.17	3	8.83	2.67
相对增重（%）		63.55	60	44.64	49.38	123.14	79.63	18.56	46.09	19.05

注：绝对生长 = （$W_1 - W_0$）／（$t_1 - t_0$），相对生长率 = （$W_1 - W_2$）／$W_0 \times 100\%$，其中，W_0 是始重（g），即前一次测定的重量；W_1 是末重，即后一次测定的重量；t_0 为前一次测定的时间（d），t_1 为后一次测定的时间；此表数据不分公母，为混合数据。

由表3可知，日增重有两个峰值，分别是90日龄的7.17g和150日龄的8.83g。相应的绝对增重也在90日龄和150日龄有两个峰值，分别达到215g和265g。相对增重则在60日龄达到最高峰123.14%。由此说明，五华三黄鸡的生长高峰期在60~150日龄之间，生长高峰较迟，生长速度缓慢，周期长。这需要进一步选育优良鸡种，并且加强对五华三黄鸡喂养方式和饲料比重等方面的研究，使五华三黄鸡的生长性能得到进一步的提高。

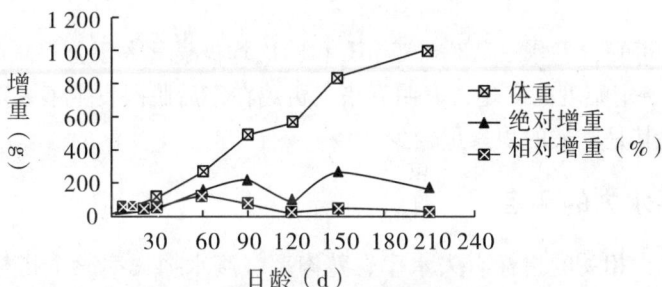

图5　五华三黄鸡生长发育规律

由图5可以看出，五华三黄鸡增重比较平缓，强度较弱，绝对增重有两个峰值，分别是90日龄和150日龄。相对增重在60日龄达到高峰后随日龄的增长呈平稳下降趋势。

同时通过研究发现，五华三黄鸡的生长强度较弱，增重较缓慢，饲养周期长，其他鸡一般在120日龄出栏，而五华三黄鸡需210日才可出栏。在自由采食、户外放养情况下，210日出栏的成鸡平均体重为1 000g。

2.4 肉质测定

此次实验肉质测定分为四个项目：pH 值测定，系水力测定，肌肉常规养分测定（腿肌），不同组织（心、肝、脑、肌胃、肌肉）的粗蛋白、粗脂肪含量测定。在周边相同或类似环境中的鸡种此类测定较少，缺乏相关数据进行比较。作者初次进行研究，所得数据可能不够精确和科学，所以此次试验所得数据仅作参考。

2.4.1 pH 值的测定

取五华三黄鸡的腿肌肉测量 pH 值，采用简易 pH 试纸测量，测量 45min、24h 两个时间的 pH 值，分别记为 pH_1、pH_{24}。具体数据见表4。

表4　五华三黄鸡的肌肉 pH 值

性别	PH_1	PH_{24}
♂	5.95 ± 0.63^A	5.43 ± 0.11^A
♀	6.25 ± 0.59^B	5.60 ± 0.05^B

由表4可知，五华三黄鸡母鸡 pH_1 和 pH_{24} 均极显著大于公鸡。而且24h 之内 pH 值有一定幅度的变化，表明五华三黄鸡在宰后肌肉发生了一定的生理生化过程，尤其是乳酸的积累量较少。

2.4.2 **系水力的测定**

与系水力相关的指标有失水率、熟肉率、滴水损失率三个指标。本实验取五华三黄鸡的腿肌分别测定这三个指标，测量结果见表5。

表5　五华三黄鸡的系水力（腿肌）

单位:%

性别	失水率	熟肉率	滴水损失率		
			24h	48h	72h
♂	8.99 ± 0.78	46.05 ± 2.75	3.51 ± 0.65^a	6.53 ± 0.68	7.73 ± 0.45^a
♀	9.79 ± 0.67	46.30 ± 2.14	3.13 ± 0.37^b	6.60 ± 0.25	7.35 ± 0.45^b

五华三黄鸡的失水率、熟肉率和 48h 的滴水损失率均未达到显著水平，公鸡 24h 和 72h 的滴水损失率显著大于母鸡。失水率和滴水损失率均表现为较低，这说明五华三黄鸡的系水力良好。这会使熟肉多汁，口感更佳。

2.4.3 肌肉常规养分的测定

本实验选用五华三黄鸡的腿肌做肌肉常规养分的测定，分别测定其水分、粗蛋白、粗脂肪三个指标，具体数据见表 6。

表6　五华三黄鸡的常规化学组分（腿肌）

单位:%

性别	水分	粗蛋白	粗脂肪
♂	65.95 ± 0.18^A	26.90 ± 0.66^A	1.58 ± 0.71^A
♀	59.24 ± 0.27^B	25.86 ± 1.40^B	2.47 ± 0.07^B

由表 6 可知，五华三黄鸡公鸡肌肉的水分、粗蛋白大于母鸡，粗脂肪母鸡显著大于公鸡。

2.4.4 不同组织的粗蛋白、粗脂肪比较

此次实验除测定腿肌肌肉的粗脂肪和粗蛋白质之外，还分别测定心、肝、肌胃、脑的粗蛋白和粗脂肪含量，并作出比较（如表 7 所示），供参考之用。

表7　五华三黄鸡不同组织的粗蛋白、粗脂肪含量

单位:%

项目	性别	心	肝	肌胃	脑	肌肉
粗蛋白	♂	15.42 ± 0.98^A	5.51 ± 0.36^A	22.79 ± 3.91	13.86 ± 1.71^A	24.90 ± 0.66^A
	♀	19.31 ± 2.01^B	7.44 ± 0.77^B	23.79 ± 2.51	16.50 ± 1.99^B	21.86 ± 1.40^B
粗脂肪	♂	3.58 ± 1.19^A	0.49 ± 0.26^A	1.37 ± 0.41^A	3.13 ± 1.33	2.58 ± 0.71^A
	♀	4.50 ± 0.42^B	0.73 ± 0.23^B	0.91 ± 0.22^B	3.46 ± 0.29	0.47 ± 0.07^B

由表 7 可知，各组织粗蛋白含量：肌肉 > 肌胃 > 心 > 脑 > 肝，肌肉粗蛋白含量最高，公母对比，公鸡肌肉粗蛋白含量极显著大于母鸡，母鸡心、肝、脑的粗蛋白含量极显著大于公鸡。肌胃粗蛋白含量差别不显著。公鸡粗脂肪含量：心 > 脑 > 肌肉 > 肌胃 > 肝，母鸡粗脂肪含量：心 > 脑 > 肌胃 > 肝 > 肌

肉。公母对比，公鸡肌胃、肌肉粗脂肪含量极显著大于母鸡，母鸡心、肝、脑粗脂肪含量极显著大于公鸡。

2.5 蛋品质

参照 NY/T823—2004[①] 规定的方法对五华三黄鸡的蛋品质进行测定，测定项目及均值见图6、表8。

图6　五华三黄鸡种蛋

表8　五华三黄鸡蛋品质测定

项目	均值
蛋重（g）	45
蛋色	淡粉红色、白色
蛋壳厚度（mm）	0.3
蛋壳相对重（%）	9.3
蛋型指数（%）	1.3
蛋黄指数（%）	41.3
哈氏单位（HU）	78.51

2.6 产蛋和繁殖性能

通过饲养试验、观察记录等方式，获得五华三黄鸡种群产蛋和繁殖性能（如表9所示）。

表9　五华三黄鸡产蛋和繁殖性能

项目	均值
开产日龄（d）	150～160
开产体重（kg）	1.00
开产蛋重（g）	15.10
产蛋量（个/年）	155
蛋重（g）	45.00

---

① 家禽生产性能名词术语和度量统计方法：NY/T823—2004 [S]. 北京：中国农业出版社，2004.

（续上表）

项目	均值
受精率（%）	90.00
孵化率（%）	85.00
健雏率（%）	94.30

由表8、表9可知，母鸡开产日龄为150~160d，平均年产蛋155枚，平均蛋重45g。蛋壳淡粉红色，少数白色。平均种蛋受精率90%，平均受精蛋孵化率85%、健雏率（如图7所示）94.3%。母鸡哺育雏鸡约80d。公鸡性成熟期90~120d，180~210日龄便可配种。公母鸡配种比例1∶10~15。公鸡利用年限3~4a。

图7 五华三黄鸡雏鸡

2.7 血液生理生化指标

本实验使用一次性注射器抽取五华三黄鸡血样，并用带抗凝剂的试管保存后送至医院检验血液的各项生理生化指标。由于对三黄鸡的血液生理指标方面的研究存在较大的空白，没有确切、科学的数据作比较，因此此次实验数据仅供参考，并希望得到专家的批评指正，以完善五华三黄鸡的研究。

2.7.1 血常规测定

此次实验血常规的指标包括红细胞（RBC）、白细胞（WBC）、血小板（PLT）、红细胞压积（HCT）、血红蛋白浓度（HGB）、平均红细胞体积

（MCV）六个指标（如表 10 所示）。

表 10　五华三黄鸡的血液血常规参数

项目	RBC（10^{12}/L）	WBC（10^9/L）	PLT（10^{11}/L）	HCT（%）	HGB（g/L）	MCV（FL）
均值	5.26	4.52	3.07	40.46	119.7	131

2.7.2　血清生理生化指标

本次实验血清生理生化指标包括总蛋白（TP）、碱性磷酸酶（ALP）、总胆固醇（TC）、甘油三酯（TG）、钾（K）和钙（Ca）的含量。具体血清相关生理生化指标见表 11。

表 11　五华三黄鸡的血清生理生化指标

项目	TP（g/L）	ALP（IU/L）	TC（g/L）	TG（mmol/L）	K（mmol/L）	Ca（mmol/L）
均值	34	511	3.67	0.42	4.7	2.52

由于缺乏其他数据作对比，且操作技术有限，不能作出相关结论，本实验数据仅供参考。

3　讨　论

五华三黄鸡全身羽毛为纯黄色，尾羽、翼羽有的色稍深，但无其他斑点，这是与其他三黄鸡的显著区别。通过对宁都三黄鸡[①]和惠阳胡须鸡[②]进行对比可知：五华三黄鸡的体重明显小于其他三黄鸡，属于小型肉用鸡种。相对于各自的体形来说，五华三黄鸡的胸深明显大于其他三黄鸡，胫长也相对要长。五华三黄鸡是走地鸡，基本以散养的形式饲养，胸深较深、胫长较长的特点使其比较适应自身的生长环境。

五华三黄鸡公鸡屠宰率为 89.62%、母鸡屠宰率为 92.62%；公鸡全净膛率为 70.72%、母鸡全净膛率为 63.94%，表现出较高的屠宰性能，属于优质

---

① 曾庆玲，李良槛，苏传勇．宁都黄鸡品种资源的调查［J］．江西畜牧兽医杂志，2002（2）：12-13.

② 广东省地方标准：DB44/T202.2—2004［S］．广州：广东质量技术监督局，2004.

肉用鸡。屠宰率高的鸡，产肉率高，表现为胴体肌肉丰满，肥育度好。[①] 五华三黄鸡的生长周期长，食物转化成肌肉组织合成蛋白质的时间长，肉质更鲜美，色味俱全，营养更丰富。与宁都三黄鸡[②]和湘黄鸡[③]相比（见表12），五华三黄鸡屠宰率和全净膛率之间的差距最大，这表明五华三黄鸡的内脏比较大，这也是由当地环境所决定的，是五华三黄鸡的特色之一。五华三黄鸡胸肌率和腿肌率都比其他三黄鸡小，这说明五华三黄鸡产肉性能较差，骨骼比较粗壮。因此，五华三黄鸡还需要进一步培优选育，提高鸡的产肉性能。一般情况下，鸡的腿肌率都大于胸肌率，但五华三黄鸡的腿肌率却小于胸肌率，这是由五华三黄鸡的胸深较长决定的，胸深长胸肌相应增多，所以胸肌率大于腿肌率。五华三黄鸡腹脂率仅为0.59%，腹脂率极低。这说明三黄鸡运动量大，脂肪含量低，肉质好，符合现代人对肉质食品低脂肪含量的要求。

表12　几种成年三黄鸡屠宰性能

项目	五华三黄鸡	宁都三黄鸡	湘黄鸡
体重（g）	1 200	1 486.5	1 089.2
屠宰率（%）	91.12	90.75	90.38
半净膛率（%）	80.25	80.2	73.45
全净膛率（%）	66.34	64.7	66.90
胸肌率（%）	23.5	20	16.61
腿肌率（%）	16.18	27.4	22.44
腹脂率（%）	0.59		
肝重（g）	22.61		

　　五华三黄鸡饲养周期长，生长速度较平缓，90日龄和150日龄有两个峰值，而且生长强度较弱，增重缓慢。一般其他三黄鸡120日龄左右就可以出栏，而五华三黄鸡需210日龄出栏，平均重1kg。同日龄五华三黄鸡与湘黄

――――――――――

　　① 吕进宏，马立保．饲养方式及营养对肉鸡肉质影响的研究进展［J］．饲料博览，2004（8）：32－34．

　　② 曾庆玲，李良槛，苏传勇．宁都黄鸡品种资源的调查［J］．江西畜牧兽医杂志，2002（2）：12－13．

　　③ 许美解，钟金凤，胡国平，等．湘黄鸡生长发育规律及产肉性能分析［J］．中国家禽，2008，30（9）：58－59．

鸡①和惠阳胡须鸡②相比，体重较轻，增重较慢（如表 13 所示）。

表 13　五华三黄鸡生长发育规律

单位：g

项目	初生	30 日龄	60 日龄	90 日龄	120 日龄	150 日龄	210 日龄
五华三黄鸡	21.4	121	270	485	575	840	1 000
湘黄鸡	25.71	258	560	730	929		
惠阳胡须鸡	31.6	225	475	1 250	1 500	1 750	

　　五华三黄鸡的生长周期长，食物转化成肌肉组织合成蛋白质的时间长，肉质更鲜美，色味俱全，营养更丰富。五黄三黄鸡作为肉蛋兼用的黄种鸡越来越受到消费者的欢迎。但是生长缓慢、繁殖力低、饲养效益低，有望利用我国先进的育种技术，对其进行不同程度的杂交改良，培育出优质肉鸡新品系。不同的饲养方式，鸡的运动量不同，导致肉鸡肉质的不同。③ 运动量大的鸡，其肌肉在运动中得到能量，血液循环加快使肌肉发达，肌肉的嫩度降低，肌间脂肪沉积加大，而皮下脂肪减少，肌肉的鸡味变得更浓。④ 因此，饲养方式的影响实质主要是促进鸡体运动的质量改进。五华三黄鸡的大运动量决定了其肉质比其他鸡更好。

　　通过对五华三黄鸡的肉质测定可知，其系水力良好，这会使熟肉多汁，口感更佳。熟肉率、失水率和滴水损失率是密切相关的，影响系水力的因素也会对熟肉产生一定的影响。五华三黄鸡熟肉率较低。导致五华三黄鸡高系水力低熟肉率，原因可能与其肌内脂肪含量有关。肌内脂肪使肌肉的显微结构较为松散，因而能吸附更多的水分；同时，作为构成肌肉成分的水被脂肪置换，水分的绝对量少，易浸出流失的肌肉内自由水相对也少，当脂肪冷却凝固时，使含有脂肪的肌肉冷却后紧实性增加了，也就改善了肌肉本来的系

---

　　① 许美解，钟金凤，胡国平，等. 湘黄鸡生长发育规律及产肉性能分析 [J]. 中国家禽，2008，30（9）：58 - 59.

　　② 广东省地方标准：DB44/T202.2—2004 [S]. 广州：广东质量技术监督局，2004.

　　③ 陈冬梅，周材权，苏学辉. 不同饲养方式对肉用土鸡屠宰性能和肉质的影响 [J]. 饲料工业，2005（17）：15.

　　④ 孙雪萍，邓用川，姜勋平. 放养与笼养对文昌鸡屠宰性能及肉品质的影响 [J]. 中国畜牧兽医，2004（11）：21 - 24.

水力。[①] 另外，在蒸煮的过程中，肉中的游离氨基酸、核糖、还原糖均产生巨大的损失，形成风味物质，也就是说熟肉率与肉质中风味前体物质的含量是负相关的，从对肉质风味的感官评定结果来看，在蒸煮过程中，香味扑鼻，说明产生大量的风味物质，这也影响到鸡的熟肉率，五华三黄鸡的低熟肉率可以很好地保持肉质原有的风味，也保持了多汁性的特点。这也说明了五华三黄鸡肉质佳、味道好，是优质的肉用鸡。

五华三黄鸡150～160日龄开始产蛋，年产蛋量达155个，处在较高水平，所以，五华三黄鸡作为肉蛋兼用鸡种，加上其受精率和孵化率均较高，可作为肉鸡生产杂交组合的母本，有很大的应用前景。

本实验还对五华三黄鸡的血液血清生理生化指标进行测定，以作参考。五华三黄鸡与健康家鸡的血液生理参数[②]相比较相差较大（如表14所示），红细胞数、白细胞数和血小板等参数都比家鸡数值高得多。考虑到实验操作过程中存在误差，但总体实验数据表明五华三黄鸡有更强的运输O_2的能力及免疫能力。这些特性表明为了适应五华地区的各种生态气候环境，五华三黄鸡在品种进化中形成了更为先进、完善的血液循环系统。这种变化不是单一的，而是与有机整体相联系和适应的。

表14　五华三黄鸡与家鸡的血液血常规参数

项目	RBC (10^{12}/L)	WBC (10^9/L)	PLT/ (10^{11}/L)	HCT (%)	HGB (g/L)	MCV (FL)
五华三黄鸡	5.26	4.52	3.07	40.46	119.7	131
健康家鸡	3.35	3.26	1.3～2.3	39.25	103	117.16

五华三黄鸡具有优良的肉质，深受大众喜爱，由于五华三黄鸡体形较小，加上近亲交配导致的品种衰退，以及受到未来品种的冲击，纯种五华三黄鸡的数量急剧减少，为了保护这一地方品种资源，亟须加强对五华三黄鸡品种资源的研究。目前，对五华三黄鸡的研究尚未全面系统，为了尽早将五华三黄鸡的优良性状应用于肉鸡生产，必须开展配套研究，在现有的研究基础上，重点进行提纯复壮工作。为了适应肉鸡规模化生产的需求，五华三黄鸡相关的饲料营养需求量也亟待研究。

---

① BEJERHOLM C & BARTON-GADE P A, Effect of intramuscular fat level on eating quality in pig meat, Proc. In "32nd European Meeting of Meat Research Workers", Ghent, Belgium, Vol. Ⅱ, 1986, pp. 389 - 391.

② 何诚. 实验动物学 [M]. 北京：中国农业大学出版社，2006.

4 结 论

五华三黄鸡是一个群体较小的地方鸡类群，是梅州市禽兽遗传多样性的重要组成部分。本文以五华三黄鸡为研究对象，通过文献调查、实地观察、肉眼观察，并利用实验技术测定，确定了五华三黄鸡的外形特征、屠宰性能、生长发育规律、肉品质、蛋品质、血液生理生化指标等指标，并通过公母对比和与其他三黄鸡的对比得出其品种特性。确定五华三黄鸡的品种优势，可以为五华三黄鸡的商品化发展提供理论基础。现将实验所得数据进行分析后，得出以下结论：

（1）在五华三黄鸡的生物学特性研究中，对其体形外貌、体尺等进行了深入探究。结果发现：①外貌特征：全身羽毛纯黄色，尾羽、翼羽有的色稍深，但无其他斑点，这是与其他三黄鸡的显著区别，可分为有无胡须两种。②体尺：公母之间体重差异显著，公鸡的变异更大，需要进一步选育纯合。与其他三黄鸡相比较，五华三黄鸡的胸深更深，胫长较长，这与五华山区的环境有一定的关系。

（2）五华三黄鸡屠宰性能公母差异比较大，但总体表现出较高的屠宰性能，属于优质的肉用鸡种，且其屠宰率和全净膛率之间差异较大，说明五华三黄鸡的内脏比较大。五华三黄鸡胸肌率和腿肌率都比较低，产肉性能较差，骨骼比较粗壮。因此，五华三黄鸡还需要进一步的培优选育，提高鸡的产肉性能。由于五华三黄鸡的胸深较长，胸深长胸肌相应增多，决定了其胸肌率大于腿肌率。五华三黄鸡腹脂率均值仅为 0.59%，腹脂率极低，这说明三黄鸡运动量大，脂肪含量低，肉质好。

（3）生长发育规律：五华三黄鸡饲养周期长，生长速度较平缓，90 日龄和 150 日龄有两个峰值，而且生长强度较弱，增重缓慢。一般其他三黄鸡 120 日龄左右就可以出栏，而五华三黄鸡需 210 日龄出栏，平均重 1kg。

（4）本次对五华三黄鸡的肉品质测定包括 pH 值、系水力、肌肉常规养分的测定，还对其不同组织（心、肝、肌胃、脑、肌肉）的粗蛋白、粗脂肪进行了比较。结果发现：①公母鸡腿肌肌肉 pH 值之间差异显著，而且 24h 之内 pH 值有一定幅度的变化，表明五华三黄鸡在宰后肌肉发生了一定的生理生化过程，尤其是乳酸的积累量较少。②五华三黄鸡的系水力良好。这使熟肉多汁，口感更佳。③公鸡的水分、粗蛋白均极显著大于母鸡。粗脂肪母鸡显著大于公鸡。与其他鸡相比较，五华三黄鸡的脂肪含量更低，符合现代人对肉质食品低脂肪含量的要求。④通过各组织的对比发现，粗蛋白含量：肌

肉 > 肌胃 > 心 > 脑 > 肝；公鸡粗脂肪含量：心 > 脑 > 肌肉 > 肌胃 > 肝，母鸡粗脂肪含量：心 > 脑 > 肌胃 > 肝 > 肌肉。

（5）蛋品质与其他鸡相比无显著特点。

（6）产蛋和繁殖性能生长周期长、性成熟慢，年产蛋量达 155 个，处在较高水平，所以，五华三黄鸡可作为肉蛋兼用鸡种，加上其受精率和孵化率均较高，可作为肉鸡生产杂交组合的母本，有很大的应用前景。

（7）血液生理生化指标反映了动物血液氧的供给情况以及动物体的健康状况。实验数据表明五华三黄鸡有更强的运输 O_2 的能力及免疫能力，为了适应五华地区的各种生态气候环境，五华三黄鸡在品种进化中形成了更为先进、完善的血液循环系统。这种变化不是单一的，而是与有机整体相联系和适应的。本研究得出的结果因为受动物数目的限制，仅作为初步的资料提供研究，许多方面还有待进一步探讨。

综上所述，五华三黄鸡外貌特征突出，屠宰率较高，产肉性能良好，脂肪含量较低，是优良的肉用鸡种，而且是五华特有的资源品种，不但深受当地人们喜爱，而且影响周边地区，远销外地，可作为放养优质鸡种进行开发利用。应加大五华三黄鸡地方品种的繁育力度，使其养殖以及肉质的开发尽快产业化。但五华三黄鸡生长缓慢，需较长的生长期，这导致饲料效率不高，饲料消费量大，生产成本也随之增加，售价因之较高。这是其一大缺点，为了更好地开发这一宝贵的自然资源，还有待于进一步深入地改进研究。

五华三黄鸡肉用性能及肉品质的研究

钟　鸣　李威娜　钟福生　翁茁先

摘　要：目前国内外关于鸡肉肉质评定方法研究较缺乏，且尚未形成统一的肉质评价标准。本文以梅州丰华有机农业发展有限公司五华三黄鸡繁育场 2011 年 60 只 3 个家系五华三黄鸡为素材，对五华三黄鸡的屠宰性能、肉品质、肌肉感官指标等进行观察和测定。结果表明：五华三黄鸡公鸡、母鸡屠宰率分别为 89.62%、92.62%；半净膛率分别为 82.76%、77.74%；全净膛率分别为 62.72%、61.94%；表现出较高的屠宰性能，属于优质肉用鸡。在肉品质及感官特性上：三黄鸡肉色上表现正常，弹硬度表现较好；在肉质加工性能上：三黄鸡 pH 值改变不大，其中测得失水率、48h 和 72h 滴水损失率及熟肉率分别为 77.6%、6.56%、7.54%、65.17%。腿肌粗蛋白含量公鸡为 24.90%，母鸡为 21.86%；腿肌粗脂肪含量公鸡为 2.58%，母鸡为 0.47%；此外还测定了心、肝、脑、肌胃、肌肉的粗蛋白、粗脂肪含量。此研究亦为鸡的肉质评定提供参考数据。

关键词：五华三黄鸡；肉用性能；肉品质

1　前　言

五华三黄鸡（Wuhua Three – Yellow Chickens）为鸟纲（Aves），鸡形目（Galliformes），雉科（Phasianidae），原鸡属（*Gallus*），属小型肉用品种，主要分布于梅州五华县中部和北部（即华城、潭下、转水、横陂、棉洋等地），[①] 是《中国禽类遗传资源》中的优良地方原鸡品种。本文作者通过查阅文献、实地调查、肉眼观察法和实验测量等方法，对五华三黄鸡的生物学特性进行了较全面的了解，包括：形态特征、生理特性、生长发育、生产性能、生活习性等。

五华三黄鸡（如图 1 所示）体质结实，体躯略宽、较深，背部和龙骨平直，尾羽较短而翘起。喙较短、稍弯，呈黄色。单冠，色鲜红。眼中等大小，

---

① 陈国宏，王克华，王金玉，等．中国禽类遗传资源 ［M］．上海：上海科学出版社，2004：37，51．

有神，虹彩橘红色。全身羽毛纯黄色，有的色稍深，尾羽、翼羽有少许杂色或无杂色，但无其他斑点，这是与其他三黄鸡的显著区别。养殖多年的母鸡羽毛颜色会变淡，而公鸡颜色会加深。主翼羽紧贴身躯，腿部羽毛厚而松，呈球状凸出。该鸡种可分无胡须和有胡须两种类型：无胡须者头较小，冠、肉髯、耳叶较厚而大；有胡须者耳较薄而小。皮肤、胫、趾均为黄色。

图1 原种五华三黄鸡

1.1 研究背景

纵观历史，我国是世界上家鸡起源最早的国家之一。我国鸡的地方品种经过长期的人工及自然条件的选择，抗逆性强，繁殖性能好，肉质优良，而且具有独特的外貌特征、特性。我国的优质肉鸡品种、矮脚鸡品种、具有药用价值的乌鸡品种、稀有品种绿壳蛋鸡、珍稀鸡种斗鸡都各具特色，令世人瞩目。我国禽类遗传资源非常丰富，堪称一座巨大的宝贵禽类基因库，[①] 这些地方品种资源在当前及今后的畜牧业发展中仍将发挥巨大作用，更重要的是，其是培养新品种不可缺少的素材。

我国禽类种质资源极其丰富，我国鸡的地方品种约有100个，收入《中国家禽品种杂志》的鸡约有27个。从16世纪起，由于列强的掠夺及口岸通商，我国的斗鸡、狼山鸡、九斤鸡、石岐鸡被传到国外，如科尼什有中国斗鸡的血统，新汉夏有石岐鸡的血统，英国的奥品顿鸡及澳洲黑鸡有黑色狼山鸡、九斤鸡的血统等。[②] 20年来，随着我国禽业的迅速发展，引进很多国外鸡品种及配套系，在我国培育的近二十个鸡种中，有63%的品种系由国外品种杂交选育而成，其中涉及的外国品种有白来航、新汉夏、奥品顿、洛岛红、白洛克、科尼什、澳洲黑等近十个品种，我国鸡品种的培育中所用的国外品种之多由此可见一斑。

俗话说"民以食为天，食以味为先"，随着人们物质生活水平的提高，对鸡的肉质风味要求更高。70年代以来，随着石岐杂鸡的出现，"优质鸡"一

① 张伟，黄建英. 优质三黄鸡规模化大棚养殖技术［J］. 中国家禽，2010（2）：53－54.
② 张伟，黄建英. 优质三黄鸡大棚养殖技术［J］. 中国家禽，2010（4）：50－51.

词应运而生。[①] 40 年来，随着外国品种的不断引进，以及与地方鸡种的杂交改良，加上我国优质地方品种鸡纯系的选育，优质鸡育种和生产在全国展开，市场由原来的香港、澳门、广东向上海、江苏、广西、浙江、福建扩展，并向湖南、湖北、甘肃、河南、河北等北部省市区蔓延，"北繁南养"几乎成了三黄鸡繁殖的代名词，据统计，全国优质鸡的平均年产量达 20 亿羽，广东的平均年产量为 10 亿羽，广东省优质鸡产量已达到肉鸡总产量的 70%。[②] 优质鸡的含义、范畴更广，也更难下统一的定义，但无论是快大型还是慢速型，特优型还是珍味型，优质鸡最本质的特征都表现在其肉质上。

本地多为土种鸡，体形小，生长慢，品种较单一。其良种仅有五华三黄鸡，毛、喙、脚纯黄，无杂色，原产五华县华城区，分布于华城、岐岭、转水、水寨、油田、横陂等乡镇，肉质细嫩，味美可口，销往广州、香港等地。

民国三十一年（1942），梅县引进美国红鸡（卵肉兼用）、来航鸡（卵用）、火鸡、乌骨绒毛鸡（竹丝鸡）等。兴宁龙田利溪乡刘英明兄弟从上海引进来航、红鸡、芦花鸡品种，自办养鸡场。

20 世纪 50 年代以后，引进的优良品种有：来航、芦花鸡、奥品顿、新汉夏、洛岛红、澳洲黑、红鸡、仙居、白洛克、红康尼、白康尼等品种，多为蛋肉兼用。地区畜禽良种繁殖场 1982 年开始饲养 500 只郑州红种鸡，250 只来航种鸡，1984 年从北京引进卵用鸡星杂 579 父母代种鸡 300 只，1985 年从深圳引进红波罗父母代种鸡 1 100 只，1986 年从上海引进肉用型海佩科种鸡 500 只。5 年间共孵化鸡苗 33 万只，向社会提供良种鸡苗 26.5 万只，供本区发展养鸡业需要。各地养鸡场所、专业户也从各地引进优良品种饲养，肉用型有白洛克、星布罗、AA 鸡、红波罗、安纳加、海佩科、石岐杂、惠澳杂，卵用型来航、星杂 288、星杂 579、罗斯鸡，卵肉兼用型有广黄杂、新浦东、郑州红、科尼杂等。

由于我国各地气候条件及饮食习惯的不同，优质肉鸡地方品种的性能性状也因此各不相同。广东的几个地方鸡品种，如惠阳胡须鸡、清远麻鸡、封开杏花鸡、中山沙栏鸡、阳山鸡、怀乡鸡、五华三黄鸡，都是中小型肉用品种，且肉质鲜美，各具特色，[③] 这与粤港澳地区的人们爱吃白切鸡、手撕鸡的饮食习惯有很大关系。如惠阳胡须鸡具有胡须、黄喙、黄毛、圆身、易肥、

---

① 李旭阳，姚邦. 仙居三黄鸡养殖技术 [J]. 畜牧兽医科技信息，2010 (8)：105.

② 方亮，肖少波，江云波，等. 三黄鸡 CD154 基因的克隆、序列分析与表达 [J]. 畜牧兽医学报，2007，38 (10)：1032–1037.

③ 胡拥军，李少松，王豪举，等. 三黄鸡大肠杆菌病的诊治 [J]. 中国家禽，2007，29 (11)：31，33.

骨轻、皮薄、玉肉、黄脚、矮脚十大特点;清远麻鸡肉"一楔、二细、三麻身",皮下和肌肉脂肪发达,以皮脆骨轻、胫趾短细而闻名;封开杏花鸡又称"米仔鸡",身体特征为"两细"(头细脚细)、"三黄"(羽黄、脚黄、喙黄)、"三短"(颈短、尾短、脚短),杏花鸡早熟易肥,骨细皮薄且有皮下脂肪,肌纤维细嫩,肉细腻光滑,带有光泽,爽脆可口,素有"玻璃皮,蔗渣骨"的美称;阳山鸡的羽毛生长受慢羽基因控制,主翼羽和尾翼羽较短或者退化,翼端萎缩,属慢羽型的还有云南的武定鸡。河南的固始鸡,成为青脚、麻羽鸡的代表,北京油鸡,上海的浦东鸡,江苏的狼山鸡、鹿苑鸡、谭阳鸡等也是我国著名的优质肉质鸡,且各有特色。在羽色上,五华三黄鸡独具特色,其全身羽毛纯黄,有的羽色稍深但无其他斑点,这是与其他三黄鸡的显著区别。

据调查,在1964—1982年近20年间五华三黄鸡一直是作为商品销往香港等地,1983年后受石岐鸡的冲击,一度陷入养殖、销售低谷。2003年,政府相关部门推出了保种复壮计划,在世博会上展出。嘉应学院生物系、梅州市畜牧兽医局在地方政府相关部门的配合下,充分利用各有利资源和条件开展了畜禽地方品种的保护工作,扩大品种资源,进一步探讨了科技与农业结合的新农村建设模式,促进梅州畜牧业的发展,为梅州市的发展前景带来新的机遇,推动梅州市的经济发展。随着五华县城乡居民生活水平的进一步提高和自我保健意识的增强,人们的消费观念发生了深刻的变化,消费者对食物的色、香、味都有了更高的要求。

随着社会的发展和科技的进步,人们物质生活水平得到了显著的提高,因而对食品特别是肉制品的消费需求由量的满足逐步转向质的提高。然而,当前的食品安全问题层出不穷,疯牛病、禽流感、转基因食品、毒大米、漂白馒头、农药超标蔬菜、甲醛保鲜水产品等给人们的生活带来极大的安全隐患。[1]

动物性食品在日常饮食中占有一定的比例,肉品的卫生质量和肉的营养价值是广大消费者关注的焦点。屠宰加工的不规范操作、加工技术和设备相对落后、运输销售环节等问题,都对肉类产品的安全问题产生了威胁。[2] 据统计,肉品质量不合格是引起食物中毒的主要原因之一。[3] 肉品安全引发的后果

---

① 王薇. 中国食品工业发展(二)[J]. 食品科技,2005(7):8 - 11.

② STEWARD C M, TOMPKINS T B, COLE M B. Food safely: new concept for the new millennium [J]. Innovative food science & emerging technologies, 2002(3):105 - 112.

③ BUTLER R J, MURRAY J G, TIDWELL S. Quality assurance and meat inspection in Australia [J]. Revue scientific technique, 2002, 2(22):697 - 712.

令人担忧，各级政府和相关部门领导对此也高度重视，并相继采取一系列的措施对其加强监督管理，经过多方努力取得了一定的成绩。①

人们从吃冻肉过渡到吃新鲜肉和成熟肉，从单一的鲜肉到肉制品加工等，现在人们对鲜肉的卫生质量要求越来越严格。② 肉质可以综合地反映产品营养性、安全性和嗜好性的可靠程度。在市场经济条件下，鲜肉的市场供应形式日趋多样化，有未加包装的直接销售，普通包装、真空小包装的分割肉以及经过初步加工的预制品等。

长期以来，众多学者对鲜肉的肉质检测进行了多方面的深入研究，建立了一些主要的和为人们普遍采用的测试指标，有的已纳入国家标准。我国是世界肉类生产和消费大国，目前我国普遍采用的肉质品质检验方法比较落后，不能适应人们对肉品卫生的要求和屠宰加工贮藏工艺发展的需要。能够快速、非破坏性和客观地评定肉质品质是当前消费者与国家检验部门的迫切需求。国家鲜、冻畜禽肉的品质标准对肉质品质的评定主要采用理化标准与感官标准相结合的方法。但这些方法皆耗时长、操作要求高或与检验人员自身分辨水平有相当大的关系。③

目前所面临的问题是需要找到一个或几个能准确反映肉类品质，并能快速、灵敏、简单、准确、经济地进行肉类品质理化检测的方法或手段，且能安全地进行检验。④

1.2 研究现状

1.2.1 肉用性能研究

2006 年实施的《中华人民共和国畜牧法》将原《种畜禽管理条例》中的相关内容作为单独一章写入该法。《畜牧法》第二章"畜禽遗传资源保护"共 9 条，主要规定了畜禽遗传资源保护、调查、发布和鉴定评估制度，畜禽遗传资源保护规划和名录的制定主体，畜禽遗传资源的主要保护手段为基因

---

① 李建科. 国际食品安全动态与中国入世后的形势与对策 [J]. 食品工业科技, 2002, 12 (23): 78 – 80.

② 于学博, 戴香彬. 猪肉新鲜度的检测及肉质评定 [J]. 肉品卫生, 2000 (11): 15 – 17.

③ WHITE P, MC GILL K, COLLINS J D, CORLEY E. The prevalence and PCR detection of Salmonella contamination in raw poultry [J]. Veterinary microbiology, 2002, 89 (1): 53 – 60.

④ 周艳琼. 中国肉类产品的发展现状及市场分析 [J]. 中外食品, 2004 (10): 2 – 4.

库、保种场和保护区，畜禽遗传资源进出境和共享惠益管理等基本内容。[①] 系统开展鸡保种理论和保种方法研究，形成鸡小群保种方法——家系等量随机选配法；用人工控制各家系繁殖平衡，其近交系数增量低于群体遗传学近交增量的公式推导计算的近交系数；使保种群原有的遗传特性和生产性能保持相对稳定，减少群体内的基因频率漂变；利用经典遗传育种技术测定鸡种生物学特性和经济性状等；研究阐明了某些鸡种的种质特性及肉品质等性状的遗传规律；同时将禽种资源的形成、产地及分布、体形外貌、生产性能、肉用性能等相关研究的材料进行搜集、整理，建成了中国家禽资源数据库。其中肉用性能测定主要是针对猪、肉牛、肉鸡、肉用绵羊和山羊等家畜而言的。常用的度量肉用性能的性状主要有两大类：生长性能和胴体品质。将这两类性能放在一起讨论是因为，它们通常是同时在一起进行测定的。生长性能和胴体品质是衡量肉鸡经济价值的最重要指标，因而也是三黄鸡肉用性能测定的最重要组成部分。本研究在前人的基础上、在屠宰率方向上作出相关测定分析，以进一步丰富资源数据库，期望对当前及今后的畜牧业发展起到推动作用。

1.2.2 肉品质的研究

鸡肉是人们日常生活中最重要的食品之一，可提供优质的蛋白质、脂肪和维生素等。肉的品质，简称肉质（Texture），是指与显微镜检查无关的、由视觉因素和触觉因素所构成的品质。视觉因素是指从肉的表面上识别瘦肉的断面与纹理的粗细；触觉因素则是通过在嘴中咀嚼时所感到的肌肉的细腻、交杂、味道等综合评价结果来体现的。肉类科学认为，肌肉的颜色、pH 值、多汁性、嫩度、香气、滋味等是重要的肉质指标，也就是说，肉质是与鲜肉或加工肉的外观、适口性、营养性等有关的一些生化特性的综合。例如肉的色泽、持水性、嫩度、风味、多汁性等特性能决定消费者对肉品的可接受性，肉的化学成分则与肉的营养性密切相关[②]。因此，肉的品质可根据肉品的一些生化特性来进行衡量，这些特性可以概括为肉的感官品质特性、食用品质特性和加工特性。[③]

近几年我国的肉类消费结构发生明显改变，经历了从冷冻肉到热鲜肉，再从热鲜肉到冷却肉的过程。冷却肉吸收了热鲜肉和冷冻肉的优点，又排除

---

① 黄勇富，卢群志，杨祥云，等. 南川鸡品种特性及保种选育方案 [J]. 中国家禽，2007 (3)：33.

② 周艳琼. 中国肉类产品的发展现状及市场分析 [J]. 中外食品，2004 (10)：2 - 4.

③ 杨龙江，等. 猪肌肉组织的性能及其脂肪的影响 [J]. 肉类研究，2000 (2)：17 - 19.

二者的缺陷保持了肉品的新鲜度，肉味鲜美，营养价值高。这也为肉制品的加工提供了一个更好的平台，促进了肉制品行业的整体发展。[①]

现代饲养的鸡是从野生的鸡驯化饲养而成的，它与现代的野生原鸡非常接近。中国鸡的家化时间相当早，公元前五六千年在河南、山东、山西等地均有饲养。根据郑作新等（1978）的综述，"原鸡属（*Gallus*）至今所知，计有四种，即绿领原鸡、原鸡（红色）、黑尾原鸡及灰纹原鸡"，原鸡计有五个亚种，现在的野生原鸡多生活在中国的西南。广东出土了周商时代的鸡骨。[②]

土鸡具有肉质鲜美、肉嫩滑、皮细脆、味香浓，营养丰富、风味独特的特点，并且有温中益气，补虚暖胃，强筋健骨，补髓添精，活血调经，安五脏，止消渴，利小便，助阳气，延缓衰老等功效，日益受到消费者喜爱。由于对活鸡的需求量长期较大，而且对其质量要求高，因此刺激了产区养鸡肥育技术的发展。在香港，消费者还强调鸡的烹调方法（白切鸡、盐焗鸡），对鸡肉的风味、骨骼的软硬度、脂肪的分布都有独特的要求，从而对鸡种的选育产生较大的影响。

国际社会认为，动物遗传资源是未来食品、环境和社会经济稳定的一种资源。保持动物遗传资源多样性对农业的可持续发展是极其重要的。我国各地自然条件、社会经济和文化的发展程度不同，经过长期的自然选育，形成了外貌特征、遗传特性、生产性能各异的众多优质鸡品种。1976年，农业部组织全国农、科、教等部门，开展了一次较大规模的畜禽品种资源调查，历时九载，基本摸清了全国比较发达地区的品种资源状况，并出版了五部《中国家禽品种志》。

目前在五华饲养的鸡群（如图2所示）中，主要是石岐鸡、三黄胡须鸡、江西三黄鸡和纯系三黄鸡（如图1所示）。五华三黄鸡体质结实，体躯略宽、较深，背部和龙骨平直，尾羽较短而翘起。喙较短、稍弯，呈黄色。单冠，色鲜红。眼中等大小，有神，虹彩橘红色。全身羽毛纯黄色，有的色稍深，但无其他斑点，这是与其他三黄鸡的显著区别。主翼羽紧贴身躯，腿部羽毛厚而松，呈

图2　五华饲养鸡群

球状凸出。头较小，冠、肉髯、耳叶较厚而大；皮肤、胫、趾均为黄色，属

---

① 孔凡真. 我国肉制品的发展趋势 [J]. 肉类工业，2001（4）：36－37.
② 包文斌. 中国家鸡和红色原鸡遗传多样性及亲缘关系分析 [D]. 扬州：扬州大学，2007.

小型肉用品种。① 五华县市场流动的鸡禽 80% 都是外来的，主要来自丰顺温氏、梅县等。而纯三黄鸡数量少，分布在五华的边远山区中，作为家鸡，自给自足。五华养殖三黄鸡有地面平养、笼养、圈养、山地放养等几种饲养方式。据调查，在华城、安流等地均有大型养殖场，其年产量一般在 10 000 只。五华三黄鸡市场销售价较高，一般为 70～100 元/只，主要销往附近的饭店、宾馆等，同时也外销，深受广大消费者的喜爱。

1.3　研究的目的和意义

鸡肉是极富营养价值的食品，与牛肉和猪肉比较，鸡肉质地细嫩，易于消化吸收，同时鸡肉蛋白质的质量较高，脂肪含量较低，鸡肉蛋白质中富含人体所需的全部必需氨基酸。鸡肉还含有一定量的具有抗脂肪氧化作用的维生素 E，在低温冷藏条件下可贮藏较长时间。因此鸡肉以其高蛋白质、低脂肪、低热量、低胆固醇 "一高三低" 的营养特点，成为健康的肉类食品。②

人类使用和饲养鸡的历史是随着其被人类逐步驯化而发展起来的。据考证，我国是最早驯化鸡的国家，在距今 7 000～8 000 多年以前就已开始驯化。③ 但在很长一段时间内，人们食用的鸡肉，主要还是来源于经过产蛋和繁殖利用之后的淘汰鸡，还没有发展和生产专门的肉鸡作为肉食消费利用，所以，传统鸡中，肉鸡只是养鸡的附产物。据文献介绍，现代肉鸡业最早在 1880—1890 年期间始于美国新泽西州的哈蒙顿地区。直到进入 20 世纪后，才真正形成了独立的肉用仔鸡生产企业。近几十年来，肉用鸡业在世界畜牧业生产中一直保持着最快的发展速度。目前，发达国家禽肉在肉类中的比例居首位，已达 30%，并有不断上升的趋势，今后每年将以 1% 左右的速度发展。④⑤ 而我国也是世界鸡肉生产、消费和贸易的大国，2004 年生产鸡肉 947 万吨，占世界鸡肉产量的 14%，是世界第二大鸡肉生产国。随着中国经济的快速增长，人们的生活水平将不断提高，鸡肉的消费潜能将进一步扩大，而随着鸡肉消费量的不断提高，对鸡肉在整个生产、包装、贮藏、运输、销售等环节的检验工作也提出了更高的要求。要利用现代物理学、化学、生物学等学科的最新技术及最新科学成果，使这项工作能够做到准确、快速、经济

---

① 陈国宏，王克华，王金玉，等．中国禽类遗传资源 [M]．上海：上海科学出版社，2004：37，51.

② 康相涛．我国优质鸡发展现状与展望 [J]．中国动物保健，2002 (10)：120 – 123.

③ 孙鹏，简承松，刘俊凡．现代肉鸡业的发展与展望 [J]．贵州畜牧兽医，2004 (6)：9 – 11.

④ 蒋芳．2004 年鸡肉市场形势分析及 2005 年展望 [J]．中国禽业导刊，2005 (22)：5.

⑤ 李同春．当前世界肉鸡业的发展趋势 [J]．肉类工业，1996 (9)：3.

和自动化。[①]

鸡肉品质的评价，常用感官检查法和实验室检查法相结合来判断。感官检查法是凭个人经验来判断食品质量的，受人为因素的影响，评定结果随意性较大。实验室检查方法烦琐，费时费力，成本昂贵，有时，检测结果和实际状况并不一致。这就需要创造一种快速、有效的方法来评价鸡肉的品质。

本文通过对鸡肉品质的分析研究，用最经济的检测方法来评定鸡肉品质。

在人口不断增多、可耕地逐渐减少（城市的扩张、土地的沙化、退耕还林等）、人民生活日益改善的今天，市场对鸡肉制品（meat product）的消费量必将增长。但是，目前鸡肉制品所面临的挑战是严峻的，同过去相比，现在人们膳食中优质蛋白质增加了很多来源，膳食结构也发生了较大的改变，人们对健康的普遍关注更是前所未有的，因此人们对鸡肉的品质提出了更高的要求，只有营养丰富、瘦肉多、脂肪含量少，同时加工后能获得优良风味、口感好的鸡肉才是符合消费者需求的鸡肉，也才有着深广的开发潜力。

在此条件下，本文对梅州五华三黄鸡的肉质特性进行了研究，论证了该鸡种肉质开发的可行性，并在此基础上，为发挥其在人类社会大量存在的最自然的作用，即在食品工业中的作用，根据其肉质特性提出了开发利用途径。将三黄鸡的肉质最终应用于肉制品的生产，必是大量繁育的结果，这一鸡种也就珍贵而不再稀有，因而达到保种的目的，这正是我们所期盼的。

五华三黄鸡是优良地方鸡种，也是宝贵的家禽品种资源。但由于它生长速度慢（210d 达 0.9 ~ 1.1kg），饲养周期长，农户零星散养量少，难增收致富，一度未被养殖户和政府重视，到目前为止也未见有相关研究报道。由于长期与外界失去联系，小农饲养，因此五华三黄鸡保持了十分原始的风貌，是一个不可多得的优良基因库。[②] 五华三黄鸡具有许多稳定遗传的有利经济性状，是培育和创造我国新鸡种的宝贵基因库，有重要的保存利用及科学研究价值，适合用于培育机械化笼养蛋肉兼用型良种鸡。为了保护地方品种，摸清品种资源，扩大种群数量，综合开发利用，笔者结合广东省、教育部产学研结合项目资助的研究内容，对五华三黄鸡的肉用性能和肉品质相关指标进行测定研究，为进一步了解五华三黄鸡的基本信息，制定品种标准，确定地方品种及品种优势，更好地保护和利用这一珍贵的品种资源提供基础性的资

---

① MAIXNER E D. Four states pursuing home meat inspection programs [J]. Feedstuffs, 2000, 72 (12): 5.

② 吴常信. 关于畜禽遗传资源保存和利用中几个学术问题的讨论 [J]. 中国畜牧杂志, 2005 (10): 25.

料和数据。[①] 比如在养殖上达到保持五华三黄鸡鸡肉味特色，保证成活率，以及提高增殖速度和疾病防治的作用，最终达到为地方经济服务的目的。

2 材料与方法

2.1 定氮仪器与试剂

2.1.1 定氮蒸馏装置

凯氏定氮仪装置如图3所示。

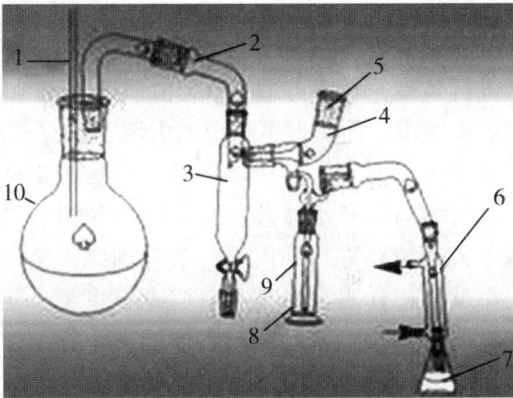

图3 凯氏定氮仪

注：1. 安全管；2. 导管；3. 汽水分离管；4. 样品入口；5. 塞子；6. 冷凝管；7. 吸收瓶；8. 隔热液套；9. 反应管；10. 蒸汽发生瓶。

2.1.2 试剂

硫酸铜、硫酸钾、硫酸、4%硼酸溶液、混合指示液（1份0.1%甲基红乙醇溶液与5份0.1%溴甲酚绿乙醇溶液临用时混合）、40%氢氧化钠溶液、0.001mol/L盐酸标准溶液（所有试剂均用不含氨的蒸馏水配制）。

---

① 吴常信. 畜禽遗传资源保存的理论与技术 [J]. 家畜生态, 2001, 22 (1)：11－14.

2.2 索氏提取装置与试剂

2.2.1 索氏提取装置

干燥器（直径 15～18cm，盛变色硅胶）、不锈钢镊子（长 20cm）、培养皿、分析天平（感量 0.001g）、称量瓶、恒温水浴、烘箱、样品筛（60 目）。

2.2.2 试 剂

低沸点石油醚（A. R.）。

2.3 供试鸡与饲养管理

以梅州丰华有机农业发展有限公司五华三黄鸡种鸡场 2011 年 60 个家系五华三黄鸡为素材进行实验，农庄占地 1 200 亩田地，地处山清水秀的山脚；其余养殖场也建在远离城市、面积近 100 亩的山坡上，空气清新，水质清洁，非常适合五华三黄鸡的生态养殖。养殖场采用散养法的形式喂养，养殖场内有大片空地和水塘，水塘内养有水浮莲，对 7 周龄脱温后的鸡大部分时间放养在平地或豆荚地上，开始要进行一段时间放养训练，笔者采用吹哨的方式进行训练，清晨把鸡放出，让鸡自由地采食野草、虫类，使鸡听到哨声就能聚集起来吃料和定时饮水，晚上所有的鸡都能回鸡舍补料，训练成有规律的条件反射。不能突然改变饲料，要采用逐步过渡的方法，让鸡群有过渡适应时间，在放养前后 3 天，在饲料中添加适量的维生素和中草药制剂，以提高鸡的抗病能力。除正常喂食饲料外，鸡的日粮搭配宜采取以放牧为主，补料为辅的饲养方式。由于绿色生态养鸡要求少喂多运动，延长饲养期，因此在饲料配制上有较大的改变。放养鸡喂料，头 5d 仍按舍饲时的饲料量饲喂，以后早晨少喂，晚上喂饱，中午酌情补喂。猪屎豆的种植及鸡粪使土壤肥力迅速改善，孕育了各种小草，步行虫、灯蛾、蚂蚁、蜗牛、甲虫、蟋蟀、蝼蛄等昆虫大量繁殖，给三黄鸡提供了丰富的维生素和蛋白质，降低了饲料成本。营养标准由放养初的全部中鸡配合饲料逐步过渡至掺 20% 的米糠等杂粮和 10%～15% 青绿饲料，这样人为地促使鸡在果园中寻找食物，以增加鸡的活动量，使其主动地采食更多的有机物和营养物，可以减少饲料的投喂，降低生产成本。

2.4 测定项目与方法

随机抽取 210 日龄 5 只公鸡、10 只母鸡进行屠宰性能测定，并取胸肌、腿肌进行肉品质和肌肉感官指标测定。

2.4.1 屠宰性能测定

在梅州丰华有机农业发展有限公司五华三黄鸡繁育场随机选取生长发育正常的成年鸡（210 日龄），进行屠宰性能测定，测定方法参照 NY/T823—2004 规定的要求进行。受测五华三黄鸡在停食 24h 后称重屠宰，屠宰后测定胴体重占宰前体重的百分比记为屠宰率。

2.4.2 肉品质指标测定

在进行成年鸡的屠宰性能测定时，分别取胸肌、腿肌、脑、心、肝、肌胃进行肉品质的测定，测定方法按 GB/T1967—2005 的要求进行，肌肉的测定内容包括 pH 值、失水率、熟肉率、滴水损失率和肌肉、心、肝、脑、肌胃的粗蛋白、粗脂肪。

2.4.2.1 pH 值

将取样鸡宰杀停止呼吸后立即切开皮肤，取后腿肌肉，在死后 45min 内测定 pH_1 值；再取出同样的肌肉，在 10℃ 存放 24h 后，测定 pH_{24} 值。

2.4.2.2 失水率的测定

屠宰后 1h 内取胸肌（W_1），置于上下各 18 层滤纸中，钢环压缩仪加压至 35kg，持续 10min，称取加压后的肉样量（W_2），按下列公式计算：

$$失水率（\%）= \frac{W_1 - W_2}{W_1} \times 100\%$$

2.4.2.3 熟肉率的测定

在宰后 4h 内，剥离后腿肌外膜和附着的脂肪，称重（精确到 0.1g），置于铝锅蒸屉上，用沸水蒸 30min，取出吊挂于阴凉处 15min 后称重。计算公式：

$$熟肉率（\%）= \frac{蒸后重量}{蒸前重量} \times 100\%$$

2.4.2.4 滴水损失率的测定

切下 1cm × 1cm × 2.5cm 的三片肉，分别称重，置于充气的塑料薄膜袋中，不与袋接触，吊挂于冰箱中，10℃保存72h，每24h称重一次，分别计算贮藏24h、72h 的滴水损失率。计算公式：

$$滴水损失率（\%）= \frac{原重 - 贮藏后重}{原重} \times 100\%$$

2.4.2.5 粗蛋白的测定

（1）样品处理：精密称取 0.2 ~ 2.0g 固体样品移入干燥的 500mL 定氮瓶中，加入 0.06g 硫酸铜、0.24g 硫酸钾及 10mL 硫酸，置于消化炉上 400℃ 消化半小时。取下放冷，将消化液移入 100mL 容量瓶中定容至 100mL，并用少量水洗定氮瓶，洗液并入容量瓶中，再加水至刻度，混匀备用。取与处理样品相同量的硫酸铜、硫酸钾、浓硫酸，用同一方法做试剂空白试验。

（2）按图装好定氮装置，于水蒸气发生器内装水至约 2/3 处加甲基红指示剂数滴及数毫升硫酸，以保持水呈酸性，加入数粒玻璃珠（石粒）以防暴沸，用调压器控制，加热煮沸水蒸气发生瓶内的水。

（3）向接收瓶内加入 10mL 2% 硼酸溶液及混合指示剂 2 ~ 3 滴，并使冷凝管的下端插入液面下，吸取 10mL 样品消化液由小玻璃杯流入反应室，并以 10mL 水洗涤小烧杯并使其流入反应室内，塞紧小玻璃杯的棒状玻璃塞。将 10mL 40% 氢氧化钠溶液倒入小玻璃杯，提起玻璃塞使其缓慢流入反应室，立即将玻璃盖塞紧，并加水于小玻璃杯以防漏气。夹紧螺旋夹，开始蒸馏，蒸汽通入反应室使氨通过冷凝管而进入接收瓶内，蒸馏 8min。取下接收瓶，以 0.01N 盐酸标准溶液定至灰色或蓝紫色为终点。同时吸取 10mL 试剂空白消化液按（3）操作。

$$X（\%）= \frac{(V_1 - V_2) \times N \times 0.014}{m \times \frac{10}{100} \times F} \times 100\%$$

X：样品中蛋白质的百分含量（%）；

V_1：样品消耗硫酸或盐酸标准液的体积（mL）；

V_2：试剂空白消耗硫酸或盐酸标准溶液的体积（mL）；

N：硫酸或盐酸标准溶液的当量浓度；

0.014：$1N$ 硫酸或盐酸标准溶液 1mL 相当于消化液中氮的克数；

m：样品的质量（体积）[g（mL）]；

F：氮换算为蛋白质的系数。蛋白质中的氮含量一般为15% ~ 17.6%，按16%计算乘以6.25即为蛋白质，乳制品为6.38，面粉为5.70，玉米、高粱为6.24，花生为5.46，米为5.95，大豆及其制品为5.71，肉与肉制品为6.25，大麦、小米、燕麦、裸麦为5.83，芝麻、向日葵为5.30。

2.4.2.6　粗脂肪的测定

（1）切片：将滤纸按8cm×8cm的规格切片后叠成一边不封口的纸包，用硬铅笔编写序号，按顺序排列在培养皿中。将盛有滤纸包的培养皿移入105±2℃烘箱中干燥2h，取出放入干燥器中，冷却至室温。按顺序将各滤纸包放入同一称量瓶中称重（记作a）、称量时室内相对湿度必须低于70%。

（2）包装和干燥：在上述已称重的滤纸包中装入3g左右研细的样品，封好包口，放入105±2℃的烘箱中干燥3h，移至干燥器中冷却至室温。按序号依次放入称量瓶中称重（记作b）。

（3）抽提：将装有样品的滤纸包用长镊子放入抽提筒中，注入一次虹吸量的1.67倍的无水乙醚，使样品包完全浸没在乙醚中。连接好抽提器各部分，接通冷凝水水流，在恒温水浴中进行抽提，调节水温在70℃ ~ 80℃之间，使冷凝下滴的乙醚成连珠状（120 ~ 150滴/min或回流7次/h以上），抽提至抽取筒内的乙醚用滤纸点滴检查无油迹为止（需6 ~ 12h）。抽提完毕后，用长镊子取出滤纸包，在通风处使乙醚挥发（抽提室温以12℃ ~ 25℃为宜）。提取瓶中的乙醚另行回收。

（4）称重：待乙醚挥发之后，将滤纸包置于105±2℃烘箱中干燥2h，放入干燥器冷却至恒重为止（记作c）。

$$粗脂肪含量（\%）=\frac{b-c}{b-a}×100\%$$

a：称量瓶加滤纸包重（g）；

b：称量瓶加滤纸包和烘干样重（g）；

c：称量瓶加滤纸包和抽提后烘干残渣重（g）。

2.4.2.7　水分的测定

（1）瓷坩埚的烘烤：将洁净的瓷坩埚连同锅盖，置于105℃干燥箱中，加热1h，取出盖好，置干燥器内冷却0.5h，称量，并重复干燥至前后两次质量差不超过2mg，即为恒重，置于干燥器内贴好标签待用。

（2）取样：取每只鸡的腿肌肉、胸肌肉，去除不可食用部分，分别用干净的剪刀剪碎混合均匀置于密闭玻璃容器内贴好标签待用。

（3）测定：按编号称取约 5g 试样，精确至 0.001g，于相对应的瓷坩埚中（每只鸡腿肌肉、胸肌肉各测三个平行样），置于 105℃ 的干燥箱内（锅盖斜放在锅边），加热 2～4h，加盖取出。在干燥器内冷却 0.5h，称量。再置于 105℃ 的干燥箱内加热 1h，加盖取出。在干燥器内冷却 0.5h，称量。重复加热 1h 的操作，直至连续两次称量差不超过 0.002g，即为恒重。以最小称量为准。

食品中的水分含量以质量百分率表示，计算公式：

$$x_1 \ (\%) \ = \frac{m_1 - m_2}{m} \times 100\%$$

x_1：食品中水分含量（质量百分率）（%）；

m_1：试样和瓷坩埚烘烤前的质量（g）；

m_2：试样和瓷坩埚烘烤后的质量（g）；

m：试样的质量（g）。

2.4.3　肌肉感官指标测定

2.4.3.1　肉色的测定方法

取宰后 1～2h 的新鲜胸肌样以及宰后 24h 的冷却样（10℃），在室内白天正常光度下，按 Charles 等[1]研究出鸡肉肉色标准比色板，作为目测法的评分依据。即采用 L（亮度）、b（黄度）和 a（红度）的比较跟感官方法来对三黄鸡的肉质进行测定评定。

2.4.3.2　弹硬度的测定方法

采用指压法，在宰后 4h 和 24h 对胸肌样分别测定，分为好、较好、一般、差四个等级。

2.5　数据处理方法

所有数据均由 Excel 建立数据库，并采用 SPSS10.5 统计软件进行统计分析。

---

[1] CHARLES V, PIERERSE C, HULSEGGER I. Broiler meat quality [J]. Poultry international, 1997 (2)：40－46.

3 结果与分析

3.1 屠宰性能

通过对五华三黄鸡进行屠宰测定，得出的一些参数见表1。由表1可见，相比于家鸡的屠宰数值[1]，五华三黄鸡表现出较高的屠宰性能，属于优质肉用鸡。屠宰率高的鸡，产肉率高，表现为胴体肌肉丰满，肥育度好。[2] 五华三黄鸡的生长周期长，食物转化成肌肉组织合成蛋白质的时间长，肉质更鲜美，色味俱全，营养更丰富。五华三黄鸡的屠宰率和全净膛率说明其内脏比较大，这是由五华的环境所决定的，是五华三黄鸡的特色之一。五华三黄鸡胸肌率和腿肌率都比其他三黄鸡小，说明五华三黄鸡产肉性能较差，骨骼比较粗壮。对此，五华三黄鸡还需要进一步的培优选育，提高鸡的产肉性能。一般情况下，鸡的腿肌率都大于胸肌率，但五华三黄鸡的腿肌率却小于胸肌率，这是由五华三黄鸡的胸深较长决定的，胸深长，胸肌相应增多，所以胸肌率大于腿肌率。五华三黄鸡腹脂率极低，这说明三黄鸡运动量大，脂肪含量低，肉质好，符合现代人对肉质食品低脂肪含量的要求。

表1 成年五华三黄鸡屠宰性能

项目	♂	♀
体重（g）	$1\ 563.83 \pm 317.28^A$	$1\ 190 \pm 251.04^B$
屠宰率（%）	89.62 ± 2.89^A	92.62 ± 0.63^B
半净膛率（%）	82.76 ± 2.74^A	77.74 ± 2.53^B
全净膛率（%）	70.72 ± 1.92	63.94 ± 1.73
胸肌率（%）	17.93 ± 1.66^A	15.43 ± 0.59^B
腿肌率（%）	24.74 ± 0.09^A	20.27 ± 0.38^B
腹脂率（%）	0.46 ± 0.11^A	0.55 ± 0.07^B
肝重（g）	25.36 ± 8.23^A	19.79 ± 1.63^B

注：相同字母之间表示差异不显著（$p > 0.05$），不同小写字母之间表示差异显著（$p < 0.05$），不同大写字母之间表示差异极显著（$p < 0.01$）。下表同。

① 何诚. 实验动物学［M］. 北京：中国农业大学出版社，2006.
② 吕进宏，马立保. 饲养方式及营养对肉鸡肉质影响的研究进展［J］. 饲料博览，2004（8）：56.

3.2 肉品质测定

此次实验肉质测定分为四个指标（pH 值、失水率、熟肉率、滴水损失率的测定）和不同组织（心、肝、脑、肌胃、肌肉）的粗蛋白、粗脂肪含量测定。

3.2.1 pH 值的测定

取五华三黄鸡的腿肌肉测量 pH 值，采用简易 pH 试纸测量，测量 45min、24h 两个时间的 pH 值，并对比分析，具体见表 2。

表 2　pH 值测定结果

性别	pH_1	pH_{24}
♂	5.95 ± 0.63^A	5.43 ± 0.11^A
♀	6.25 ± 0.59^B	5.60 ± 0.05^B

由表 2 结果分析可知，pH 值变化不会太大，这表明五华三黄鸡在宰后肌肉所发生的生理生化过程中乳酸的积累量还是比较少的，方便冷冻藏鲜。

3.2.2 系水力的测定

与系水力相关的指标有失水率、熟肉率、滴水损失率三个指标，测量结果见表 3。

表 3　五华三黄鸡肌肉品质（腿肌）

单位:%

性别	失水率	熟肉率	滴水损失率		
			24h	48h	72h
♂	14.99 ± 0.78	65.05 ± 2.75	3.51 ± 0.65^a	6.53 ± 0.68	7.73 ± 0.45^a
♀	14.93 ± 0.67	65.30 ± 2.14	3.13 ± 0.37^b	6.60 ± 0.25	7.35 ± 0.45^b

在系水力指标即在外力作用下肌肉所释放的松弛水量上，五华三黄鸡系水力与肌肉的液体损失量都比较低，这都表明五华三黄鸡系水力较好。五华三黄鸡的失水率、熟肉率和 48h 的滴水损失率均未达到显著水平，公鸡 24h

和72h的滴水损失率显著大于母鸡。失水率和滴水损失率均表现为较低，这说明五华三黄鸡的系水力良好。这会使熟肉多汁，口感更佳。

3.2.3 肌肉常规养分的测定

本实验选用五华三黄鸡的腿肌做常规养分的测定，分别测定其水分、粗蛋白、粗脂肪三个指标，具体数据见表4。

表4 五华三黄鸡的常规化学组分（腿肌）

单位:%

性别	水分	粗蛋白	粗脂肪
♂	77.95 ± 0.18^A	24.90 ± 0.66^A	2.58 ± 0.71^A
♀	77.24 ± 0.27^B	21.86 ± 1.40^B	0.47 ± 0.07^B

由表4可知，五华三黄鸡公鸡肌肉的水分、粗蛋白、粗脂肪含量均显著高于母鸡，高水分使五华三黄鸡肌肉多汁、口感好，低脂肪也导致了肌肉较低的熟肉率。五华三黄鸡的这些性状表现符合现代人对肉质食品原料高蛋白、低脂肪、口感好、风味好的要求，有更大的经济前景，也暗合了现代人对低脂肪天然原料肉的追求。

此次实验除测定腿肌肌肉的粗脂肪和粗蛋白之外，还分别测定心、肝、肌胃、脑的粗蛋白和粗脂肪含量，并作出比较，供参考之用，具体见表5。

表5 不同组织的粗蛋白、粗脂肪含量

单位:%

项目	性别	心	肝	肌胃	脑	肌肉
粗蛋白	♂	15.42 ± 0.98^A	5.51 ± 0.36^A	22.79 ± 3.91	13.86 ± 1.71^A	24.90 ± 0.66^A
	♀	19.31 ± 2.01^B	7.44 ± 0.77^B	23.79 ± 2.51	16.50 ± 1.99^B	21.86 ± 1.40^B
粗脂肪	♂	3.58 ± 1.19^A	0.49 ± 0.26^A	1.37 ± 0.41^A	3.13 ± 1.33	2.58 ± 0.71^A
	♀	4.50 ± 0.42^B	0.73 ± 0.23^B	0.91 ± 0.22^B	3.46 ± 0.29	0.47 ± 0.07^B

由表5可知各组织粗蛋白含量：肌肉＞肌胃＞心＞脑＞肝，肌胃粗蛋白含量与肌肉相差不大，心和脑的粗蛋白含量也比较接近，肝的粗蛋白含量最小。公鸡粗脂肪含量：心＞脑＞肌肉＞肌胃＞肝，母鸡粗脂肪含量：心＞脑＞肌胃＞肝＞肌肉。公母对比，公鸡肌胃、肌肉粗脂肪含量极显著大于母鸡，母鸡肝粗脂肪含量极显著大于公鸡。

3.3 肌肉感官指标

3.3.1 肉色的测定

肉色是商品肉色、香、味、质几大要素中给人最直觉、最先导的感受印象。用比色板方法进行测定，简单易行，省时省力，经济实惠，但容易出错。所以本研究不用比色板进行比较，而直接采用描述的方法进行测定，比较各个品种的结果如表6所示。

表6 肉色评定结果

品种	新鲜样品	冷藏样品
五华三黄鸡	鲜红色	鲜红色
广西三黄鸡	鲜红色	深红色
惠阳胡须鸡	鲜红色	深红色

由表6的结果可知，五华三黄鸡冷藏后的肉色与刚宰时变化不大，所以相对来说其更容易被消费者接受。

3.3.2 弹硬度的测定

采用指压法，在宰后4h和24h时分别测定，分为好、较好、一般、差四个等级。比较各个品种的结果如表7所示。

表7 弹硬度评定结果

品种	新鲜样品	冷藏样品
五华三黄鸡	较好	较好
广西三黄鸡	一般	一般
惠阳胡须鸡	好	好

实验用鸡均饲养良好、无疾病并按照屠宰操作规程进行，是正常健康的畜体活体，因而肉体都表现出良好的弹硬度。特别是五华三黄鸡，尽管是保种繁育而得，采用的也是现代的饲养方法，显示出更胜一筹的肉质细密、弹硬度较好的特点，这可能与该鸡种的体形小、多年来的散放饲养形成的肉质特性有关，并且其在繁育时还能较好地保持原先的肉质。

4 讨 论

4.1 五华三黄鸡肉用性能

屠宰率和全净膛率是衡量畜禽产肉性能的主要指标。一般认为，鸡的屠宰率在80%以上，全净膛率在60%以上，其肉用性能良好。在屠宰性能方面，五华三黄鸡公、母鸡的屠宰率分别为89.62%及92.62%，全净膛率分别为62.72%和61.94%，表现出较高的屠宰性能，属于优质肉用鸡。屠宰率高的鸡产肉率高，表现为胴体肌肉丰满，肥育度好。[①] 五华三黄鸡的生长周期长，食物转化成肌肉组织合成蛋白质的时间长，肉质更鲜美，色味俱全，营养更丰富。而公、母鸡屠宰结果的差异是因为同一品种的鸡，公鸡生长速度较母鸡快，其产肉性能也就较高；此外，母鸡由于分泌激素方面的差异，其沉积脂肪能力强，所以增重慢，而腹脂率也较高。因此，综合屠宰性能多项指标，说明五华三黄鸡屠宰性能良好，适合于优质肉鸡的选育、开发和生产。

4.2 五华三黄鸡肉品质

肌肉pH值对肌肉品质的影响很大，宰后肌细胞内肌糖原酵解产生的乳酸以及ATP分解产生的磷酸直接影响肌肉的pH值，从而导致肌肉pH值下降。当肌肉pH值下降到接近肌肉蛋白质等电点或使蛋白质变性时，又进一步引起蛋白质与水的结合力下降，游离水增多，系水力下降，直接影响肌肉的机械特性，尤其是保藏性、烹煮损失和干加工能力。本研究结果显示，五华三黄鸡肌肉pH值变化范围与正常肉品的pH值相吻合，且性别间差异不显著，说明公、母鸡在糖原和乳酸含量上大致相同，且糖原的酵解程度也基本接近。肉色的深浅主要取决于肌肉组织中肌红蛋白的含量。在肌肉组织中肌红蛋白占总色素的80%~90%。鸡的肌肉均由红、白两种肌纤维混合组成，红肌纤维内含有较多的肌浆，肌浆中肌红蛋白较多，白肌纤维中肌红蛋白较少，因此含红肌纤维多的肌肉组织，其色泽较红，而含白肌纤维多的肌肉组织，其色泽较淡。失水率是鸡肉品质的一项重要指标，它反映肌肉蛋白质凝胶的结构和所带净电荷的变化情况。失水率与肌肉蛋白质结构、pH值及脂肪含量等有关。一般而言，胸肌失水率高，含水量相对较大，系水能力较差。本研究

---

① 吕进宏，马立保. 饲养方式及营养对肉鸡肉质影响的研究进展 [J]. 饲料博览，2004（8）：56.

结果显示，无论公、母鸡，胸肌失水率均大于腿肌，但性别间差异不大，说明公、母鸡肌肉品质差别不大。但系水率低会影响肌肉的风味、香气、多汁性、嫩度和营养的流失性。就系水率而言，京海黄鸡的胸肌肉品质低于腿肌。

肉质主要取决于水分、粗蛋白和粗脂肪的含量。一般认为，食品中干物质含量越高，其总养分含量就越高。蛋白质和脂肪是近年来肉品质研究中备受关注的指标。脂肪不仅可以增加肉的嫩度，而且与肉质的多汁性和风味有关。本研究测得的公、母鸡肌肉水分含量非常接近，肉品质差别不大。本研究结果还显示，五华三黄鸡胸肌蛋白质含量比腿肌高，说明胸肌的营养价值高；胸肌脂肪含量低于腿肌，说明脂肪沉积能力差，肌肉风味差。本研究结果表明，五华三黄鸡胸肌的肉质低于腿肌，这可能也是我国人们喜欢吃鸡腿的原因之一。

4.3 五华三黄鸡肌肉感官指标

肉色是商品肉色、香、味、质几大要素中给人最直觉、最先导的感受印象，是肉质的重要性状之一，主要由肌红蛋白、氧和肌红蛋白、高铁肌红蛋白的状态和相对含量决定，反映肌肉的生理、生化及微生物学变化的综合指标。新鲜屠宰的五华三黄鸡肉色表现为鲜红色，而五华三黄鸡冷藏后其肉色仍表现为鲜红色，与刚宰时相比变化不大，所以相对来说五华三黄鸡更容易被消费者接受。实验用鸡均饲养良好、无疾病并按照屠宰操作规程进行，是正常健康的畜体活体，因而肉体都表现出良好的弹硬度。特别是五华三黄鸡，尽管是保种繁育而得，采用的也是现代的饲养方法，却显示出更胜一筹的肉质细密、弹硬度较好的特点，这可能与该鸡种体型小、多年来的散放饲养形成的肉质特性有关，并且其在繁育时还能较好地保持原先的肉质。

5 结 论

五华三黄鸡是一个群体较小的地方鸡类群，是梅州市禽兽遗传多样性的重要组成部分，为了更好地保护和开发利用五华三黄鸡的遗传资源，进一步给鸡的肉质评定提供参考数据，本文以梅州丰华有机农业发展有限公司五华三黄鸡繁育场 2011 年 60 个家系五华三黄鸡为研究对象，通过文献调查、实地观察、肉眼观察，并利用实验技术，对五华三黄鸡的屠宰性能、肉品质及感官指标、常规养分等进行观察和测定，得出以下结论：

（1）五华三黄鸡公鸡、母鸡屠宰率分别为 89.62%、92.62%，半净膛率分别为82.76%、77.74%，全净膛率分别为62.72%、61.94%，相比于家鸡的屠宰数值①，五华三黄鸡表现出较高的屠宰性能，属于优质肉用鸡。屠宰率高的鸡，产肉率高，表现为胴体肌肉丰满，肥育度好。② 五华三黄鸡的生长周期长，食物转化成肌肉组织合成蛋白质的时间长，肉质更鲜美，色味俱全，营养更丰富。五华县的环境决定五华三黄鸡将成为五华特色之一。五华三黄鸡胸肌率和腿肌率都比其他三黄鸡小，这说明五华三黄鸡产肉性能较差，骨骼比较粗壮。

（2）在肉品质及感官特性上：三黄鸡肉色上表现正常，弹硬度表现较好；在肉质加工性能上：三黄鸡pH值改变不大，其中测得失水率、48h和72h滴水损失率及熟肉率分别为14.96%、6.56%、7.54%、65.17%。五华三黄鸡表现出较低的失水率和滴水损失率，更能说明其肉质系水性能良好，这在鲜肉的流通领域中尤其具有重要的经济意义。肉品加热熟制过程中所发生的收缩和重量减轻的程度会直接影响到肉质的多汁性和口感，较低的熟肉率可以很好地保持肉质原有的风味，也保持多汁性的特点更加适合现代人的口味。

（3）在常规养分上，通过测定心、肝、脑、肌胃、肌肉的粗蛋白、粗脂肪含量可知，五华三黄鸡腿肌粗蛋白含量公鸡为24.90%，母鸡为21.86%，腿肌粗脂肪含量公鸡为2.58%，母鸡为0.47%，腹脂率极低，这说明三黄鸡运动量大，脂肪含量低，肉质好。所以五华三黄鸡符合现代人对肉质食品低脂肪含量的要求，能进一步开拓市场，创立名牌。

综上所述，五华三黄鸡独特的生物学特性使其拥有很好的食用品质，是优良的高蛋白、低脂肪、口感好、风味好的肉食品原料，使其在家禽市场上颇具竞争力，适应时代市场需求，社会效益与经济效益的前景都十分广阔。因此，市政府、畜牧局及五华县政府、农业局有关部门应该加强重视，共同努力，建立起初具规模的专业养鸡场，打响品牌并进行保种与提纯复壮工作。

① 何诚. 实验动物学［M］. 北京：中国农业大学出版社，2006.
② 吕进宏，马立保. 饲养方式及营养对肉鸡肉质影响的研究进展［J］. 饲料博览，2004（8）：56.

五华三黄鸡线粒体 DNA 控制区全序列分析

黄勋和　钟福生　李威娜　钟　鸣　陈洁波

摘　要：五华三黄鸡是《中国禽类遗传资源》中记载的优良地方鸡种①，属小型肉用品种，主要分布于广东梅州市五华县中部和北部（即华城、潭下、转水、横陂、棉洋、双华等地），具有悠久的历史和独特的生物学特性。由于外来鸡种的不断引进和杂交，纯种的五华三黄鸡数量越来越少，至今尚未见有资料对其遗传特性的系统研究。采用 PCR 和直接测序的方法测定五华三黄鸡两个类群——丰华类群和太和类群的线粒体 DNA（mtDNA）控制区（D-loop）全序列，比较分析其序列特征并构建系统进化树。结果表明五华三黄鸡两个类群线粒体 DNA 控制区全序列长度分别为 1 232bp、1 231bp。与原鸡相比，五华三黄鸡的丰华类群和太和类群都发现 14 个变异位点，其中丰华类群的变异均是基因转换，而太和类群有 13 个转换和 1 个缺失，没有观测到颠换；A+T 碱基含量分别占 60.4% 和 60.3%，G+C 碱基含量都约占 39.6%。五华三黄鸡与其他 19 种禽类的 D-loop 基因序列同源性的分子进化树聚类结果表明五华三黄鸡类群与中国红原鸡亲缘关系最近。

关键词：五华三黄鸡；线粒体 DNA 控制区；全序列分析；系统发生树

1　前　言

1.1　研究背景

1.1.1　外貌特征

五华三黄鸡是优良地方鸡种、宝贵的家禽品种资源，也是《中国禽类遗传资源》中记载的地方鸡种，其外貌特征表现为体质结实，体躯略宽、较深，背部和龙骨平直，尾羽较短而翘起，颈羽的颜色鲜明。喙较短、稍弯，呈黄色。单冠，色鲜红，公鸡冠较高，冠齿 5~7 个，母鸡冠齿较小。眼中等大

---

① 陈国宏，王克华，王金玉. 中国禽类遗传资源 [M]. 上海：上海科学技术出版社，2004.

小，有神，眼睑薄，虹彩橘红色，耳色淡黄。公鸡呈金黄色，母鸡呈浅黄色，头颈粗状，眼大而明亮。全身羽毛纯黄色，光滑紧密，有的色稍深，尾羽、翼羽有少许杂色或无杂色，但无其他斑点，这是与其他三黄鸡的显著区别。养殖多年的母鸡羽毛颜色会变淡，而公鸡颜色会加深。这种鸡肉质嫩滑，皮脆骨软，脂肪丰满、味道鲜美，是黄羽优质肉鸡的统称。主翼羽紧贴身躯，腿部羽毛厚而松，呈球状凸出。该鸡种可分无胡须和有胡须两种类型：无胡须者头较小，冠、肉髯、耳叶较厚而大；有胡须者耳较薄而小。皮肤、胫、趾均为黄色。较其他三黄鸡矮肥，躯体较长，鸡冠较矮，冠齿没其他三黄鸡的明显，外观较好看（见图1、图2）。

图1 原种五华三黄鸡　　　　图2 选育的第三代五华三黄鸡种鸡

1.1.2 生长速度与产肉性能

五华三黄鸡的生长高峰期在 60～150 日龄之间，生长强度较弱，增重较缓慢，饲养周期长，一般 210 日龄才可出栏，此时成鸡平均体重为 1 000g。成年体重（22 周龄）：公鸡为 1 050～1 200g，母鸡为 955～1 050g。此外，五华三黄鸡与其他三黄鸡在同日龄体重相比较低。

1.1.3 产蛋性能与繁殖性能

五华三黄鸡生长周期长、性成熟慢。母鸡开产日龄：150～160 日龄，开产体重：1 000g。平均年产蛋 155 个，平均蛋重 45g，蛋壳淡粉红色，少数白色。年产蛋 8～9 窝，窝与窝之间休产 15～20d。公鸡性成熟期 90～120d，180～210 日龄便可配种。公母鸡配种比例为 1∶10～15。平均种蛋受精率为90%，平均受精蛋孵化率为 85%，健雏率为 94.3%。公鸡利用年限 3～4a。鸡哺育雏鸡约 80d。

1.2　研究状况

对于五华三黄鸡的研究仍然很少，至今关于五华三黄鸡的研究只有其肉用特性和肉品质的研究以及其品种特性、资源保护与利用现状及发展的研究。对五华三黄鸡综合屠宰性能、肉品质及感官等多项指标的研究表明，五华三黄鸡屠宰性能、肉品质及感官性状良好，适合于优质肉鸡的选育、开发和生产。但由于其产肉性能较差，骨骼粗壮，因此，五华三黄鸡还需要进一步的培优选育，提高鸡的产肉性能。对品种特性的研究表明五华三黄鸡生长发育速度缓慢，正常为 210 日龄出栏上市，需要进一步选育以提高其相关性状。五华三黄鸡全身羽毛纯黄色，尾羽、翼羽有的色稍深，但无其他斑点，胸深较深、胫较长。其产肉性能良好，肉质好，系水力强，熟肉率较低，是优良的高蛋白、低脂肪、口感好、风味好的肉食品原料。母鸡在 150～160 日龄即开始产蛋，年产蛋数达 155 个，处于较高水平，所以，五华三黄鸡作为肉蛋兼用鸡种，加上其受精率和孵化率均较高，可作为肉鸡生产杂交组合的母本，有很大的应用前景。但由于五华三黄鸡体形较小，加上近亲交配导致的品种衰退，以及受到外来品种的冲击，纯种五华三黄鸡的数量急剧减少，为了保护这一地方品种资源，对五华三黄鸡品种特性及资源保护利用的研究亟须加强。为了尽早将五华三黄鸡的优良性状应用于肉鸡生产，必须开展配套系统研究，在现有的研究基础上，重点进行提纯复壮工作。为了适应肉鸡规模化生产的需求，五华三黄鸡相关的饲料营养需求量也亟待研究。在资源保护与利用现状和发展方面的研究都说明了现今五华三黄鸡的养殖技术和产业化仍然需要提升。

1.3　目的与意义

由于外来鸡种的不断引进和杂交，纯种的五华三黄鸡数量越来越少，至今尚未见到对其遗传特性进行系统研究的资料。为了明确五华三黄鸡的遗传特性，本实验以五华三黄鸡为研究对象，对五华三黄鸡线粒体 D - loop 区全序列进行测定和分析，并分析五华三黄鸡与其他鸡种间的同源性及亲缘关系，结合已公布禽类动物 D - loop 区全序列进行系统进化分析，为五华三黄鸡进化、线粒体的结构和功能研究奠定基础，为该鸡种保种选育技术的应用推广提供更多科学信息。在种质资源保护的过程中加强基础研究，对鸡种的分类、保存、选择、育种、分子进化等都具有重要意义，同时，也为后期鉴别、检测五华三黄鸡探寻出一种准确、快速、可靠的鉴别方法。

动物线粒体 DNA（mitochondrial DNA，mtDNA）是共价闭合的环状双链 DNA（见图3），具有母系遗传特性，进化速率非常快，约是单拷贝核 DNA 的 5~10 倍。线粒体 DNA 控制区（D-loop）分三个区：高变Ⅰ区（1~316bp），位于控制区左边（5'端）；中间保守Ⅱ区（317~784bp），位于终止结合序列和重链复制起始区之间，在进化上高度保守，并且富含 G，而 A 含量较低；保守序列Ⅲ区（785bp），位于控制区右翼（3'端）。[1][2] 控制区是非编码基因区，在进化过程中受环境的选择压力小，表现出更大的变异，是研究种系发生非常有效的分子标记，在雉科鸟类的分类中已有不少报道。近年来，利用 mtDNA 控制区序列探讨分类问题已成为分类学中的一种常用方法，该方法通过比较不同类群的同源 DNA，重建分子系统树，探讨类群间的分类地位和系统进化关系。[3][4] 国内外对五华三黄鸡线粒体 D-loop 区的研究还未见报道。近几年五华三黄鸡需求量增大，但外来鸡种的引进对地方鸡种带来了很大的冲击，市场竞争激烈，因此加强中国地方优良鸡种的繁育和保护工作任重道远。

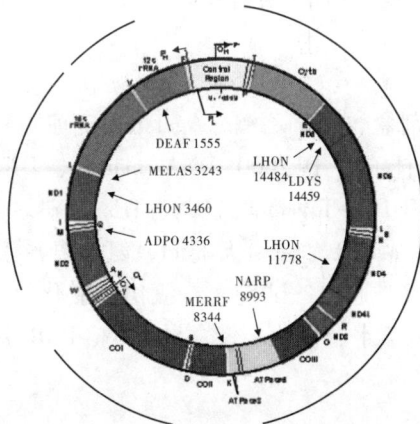

图3 动物线粒体 DNA

① 陈国宏，王克华，王金玉. 中国禽类遗传资源 [M]. 上海：上海科学技术出版社，2004.

② 钟福生，韩春艳，郑清梅. 五华三黄鸡肉用性能及肉品质的研究 [J]. 嘉应学院学报，2011，29（8）：71-75.

③ 郭亮，张娟，马建宁，等. 固原鸡线粒体 DNA 控制区全序列测定及分析 [J]. 中国家禽，2012，34（1）：32-35.

④ 黄族豪，刘廼发，龙进. 从线粒体 DNA 控制区基因比较石鸡和大石鸡的遗传变异 [J]. 江西农业大学学报，2006，28（3）：420-424.

2 材料与方法

2.1 实验流程

五华三黄鸡样品采集→五华三黄鸡基因组 DNA 的提取→线粒体 DNA D - loop 区扩增→电泳检测→转化克隆→序列分析。

2.2 实验所需仪器、药品和材料

2.2.1 主要实验仪器

－20℃冰箱、－80℃超低温冰箱、PCR 扩增仪、超净工作台、电泳仪、电泳槽、高速冷冻离心机、鼓风干燥箱、恒温培养箱、恒温水浴槽、恒温摇床、家用电冰箱、精密 pH 计、精密电子天平、凝胶图像分析系统、水平电泳槽、微波炉、微量移液枪、压力灭菌锅。

2.2.2 药 品

DNA 凝胶回收试剂盒、95% 乙醇、Agar power 琼脂粉、Agarose regular 琼脂糖、DH5 α 大肠杆菌、DL2000 DNA marker、DNA 聚合酶、dNTPs、Na2EDTA、NaOH、pMD18 - T vector、SDS、Tris、Tris - 饱和酚、Tryptone、T 载体通用引物 M13F 和 M13R、Yeast Extract、氨苄青霉素、醋酸铵、醋酸钠、蛋白酶 K、高效感受态细胞制备试剂盒、氯仿、氯化钙、氯化镁、灭菌双蒸水、浓盐酸、硼酸、双蒸水、溴化乙锭、异戊醇、PCR 引物。

2.2.3 其他材料

0.2mL PCR 管、1.5mL 离心管、2mL 离心管、81 格冷冻盒、90mm 培养皿、PCR 板、标记笔、刀片、剪刀、酒精灯、滤纸、铅笔、枪头（蓝、黄、白）、枪头盒、涂布棒、橡皮筋。

2.3 操作步骤

2.3.1 样品采集

五华三黄鸡的品种标准为：全身羽毛光滑紧密，尾羽、翼羽无其他斑点；

体质结实，体躯略宽、较深，背部和龙骨平直，尾羽较短而翘起，颈羽的颜色鲜明，喙较短、稍弯，呈黄色，皮肤、胫、趾均为黄色，单冠，色鲜红，公鸡冠较高，冠齿 5~7 个，母鸡冠齿较小，公鸡呈金黄色，母鸡呈浅黄色，头颈粗壮，眼大而明亮；眼中等大小，有神，眼睑薄，虹彩橘红色，耳色淡黄。

采样地点为梅州市五华县的岐岭、潭下、长布、双华、安流、棉洋等乡镇，选择比较偏僻山村农户养殖的五华三黄鸡，同时采集用于提出复壮的部分亲本及后代。

同时采集混养的其他鸡种，尤其是三黄鸡，如广西三黄鸡、惠阳胡须鸡、湖南湘黄鸡、宁都三黄鸡等。样品采用拔取带羽髓的背部羽毛的方法，95%酒精 –70℃保存备用。

2.3.2　五华三黄鸡基因组 DNA 的提取

（1）加入 650mL 裂解缓冲液（50mmol/L Tris – HCl pH8.0，50mmol/L EDTA pH8.0），羽毛剪碎，加 35μL 20% 的 SDS 和 20μL 蛋白酶 K（10mg/mL），混匀，置于 55℃摇床 70rpm 消化过夜；

（2）加 380μL Tris 饱和酚和 380μL 氯仿/异戊醇（24：1），缓慢摇匀 10min，4℃静置 2min；

（3）15℃10 000g 离心 8min，取 650μL 上清液；

（4）加 350μL Tris 饱和酚和 350μL 氯仿/异戊醇（24：1），缓慢摇匀 10min，4℃静置 2min；

（5）15℃10 000g 离心 8min，取 600μL 上清液；

（6）加 650μL 异丙醇和 70μL 3mol/L 醋酸钠（pH5.2），混匀，–20℃冷冻 2h；

（7）4℃15 000g 离心 8min，去上清液；

（8）加 500μL 75% 酒精，4℃15 000g 离心 5min，去上清液，4℃15 000g 离心 1min；

（9）在超净工作台把多余的水分吹干，并加 50~100μL Elution（2.5mmol/L Tris – Cl pH8.0），–20℃保存备用。

2.3.3　线粒体 DNA D – loop 区扩增

扩增线粒体 DNA D – loop 区域，PCR 扩增引物为：

D1：5' – AGGACTACGGCTTGAAAAGC – 3'

D2：5' – CATCTTGGCATCTTCAGTGCC – 3'

PCR 循环参数（40 循环）为 94℃预变性 5min，94℃变性 30s，50℃复性 50s，72℃延伸 90s，最后 72℃延伸 7min。用 2% 琼脂糖凝胶检测 PCR 产物。扩增产物经 TIANgel Midi Purification Kit 试剂盒回收纯化后由上海立菲生物技术有限公司广州分公司完成测序。

（1）反应体系：
10×扩增缓冲液（含 Mg^{2+}）	2μL
4 种 dNTP 混合物（2.5mM）	1.6μL
引物（20μM）	各 0.2μL
模板 DNA	0.5μL
TaqDNA 聚合酶（5U/μL）	0.1μL
灭菌 ddH$_2$O	14.4μL

（2）反应条件：
94℃	5min	
94℃	30s	
50℃	50s	40cycles
72℃	90s	
72℃	7min	
8℃	∞	

2.3.4　电泳检测

4μL PCR 产物 + 0.8μL loading buffer 在 1% 琼脂糖凝胶 180V 电泳 15min 左右，EB 染色，凝胶成像系统扫描检测。扩增片段应该在 13 000bp 左右。

2.3.5　转化克隆

2.3.5.1　感受态细胞制备

感受态细胞制备使用商业化试剂盒——高效感受态细胞制备试剂盒（厦门鹭隆生物），菌种为 DH 5α（Escherichia Coli）。

（1）接单菌落至 5mL 灭菌 LB 培养液中，37℃培养过夜（约 12h）；

（2）接 0.5mL 菌液至 50mL 灭菌的 LB 培养液，在 37℃以 200rpm 以上摇培；

（3）当菌密度 OD$_{600}$至 0.3~0.5，置冰浴 15min，菌液转到 50mL 离心管中，4℃ 2 500g 离心 5min；

（4）尽量倾去上清液，加入 5mL CCS-A 溶液，在冰浴下不时轻轻晃动溶液 15~20min，如沉淀仍难以悬浮，则用 1mL 的移液器轻轻吹打沉淀，使菌充分悬浮；

（5）继续冰浴 30min，在 4℃ 1 000g 离心 3min；

（6）尽量倾去上清液，加入 2.5mL CCS – B 溶液，在冰浴下不时轻轻晃动使沉淀悬浮，如仍有块状沉淀，则用 1mL 的移液器轻轻吹打沉淀，使菌充分悬浮；

（7）分装成每管 200μL 菌液（用 1.5mL 的灭菌离心管），置 – 75℃ 冰箱保存。

2.3.5.2　连接和转化

（1）取 pMD18 – T vector 试剂盒中 5μL Solution I 和 1μL T 载体与 4μL 纯化的 PCR 产物混合后，16℃ 连接 2h；

（2）加入 100μL 的感受态菌，轻轻混匀后冰中放置 30min；

（3）42℃ 水浴中放置 60s，立即置于冰中 2min；

（4）加入 500μL LB 培养基 37℃，100rpm 振荡培养 40min；

（5）取 200μL 培养液在含 Ampicillin 的 LB 固体培养基涂平板后，将平板倒置于 37℃ 培养箱中培养过夜（约 15h）。

2.3.5.3　阳性克隆的鉴定

每个个体挑取 4 个克隆在含 Ampicillin 的液体培养基 37℃ 培养 3h，用 M13 测序通用引物检测阳性克隆：1μL 10 × PCR Buffer、0.6μL dNTP Mixture（各 2.5mmol/L）、0.15μL M13F（– 47）（20μmol/L）、0.15μL M13R（– 48）（20μmol/L）、0.05μL Taq DNA 聚合酶（5U/μL）、0.6μL 菌液、7.3μL ddH$_2$O。

94℃ 预变性 4min，25 个循环：94℃ 30s，60℃ 45s，72℃ 1min；最后 72℃ 延伸 5min。1.5% 的琼脂糖凝胶电泳检测，如果插入片段在 700bp 左右，则认定为阳性克隆。

2.3.5.4　阳性克隆测定

挑取阳性克隆寄到上海立菲生物技术有限公司广州分公司，用 BigDye V3 试剂在 ABI PRISM 3730 自动测序仪上完成测序。

2.3.6　序列分析

利用 Bioedit 软件对序列数据进行编辑，并用 ClustalX 进行对位排列，经人工仔细核查后，再利用 DnaSP 4.0 提取变异位点。其他相关鸡种的 D – loop 全长序列从 NCBI 数据库（http://www.ncbi.nlm.nih.gov/）下载。采用 DNAMAN 进行同源性分析，利用 Mega 5.0 统计碱基组成，并计算基于 Kimura 双参数模型的遗传距离。以原鸡为外群（GenBank 登录号：AP003322），构建 NJ 分子系统发生树。

3 结果与分析

3.1 结　果

3.1.1 线粒体 DNA 控制区序列 PCR 扩增结果

利用 mtDNA D－loop 环特异性引物序列对五华三黄鸡 13 个个体的基因组 DNA 进行扩增，PCR 产物用 1% 琼脂糖凝胶电泳检测，结果发现特异性良好，与预期的相符，并选出 1 （为丰华类群）和 3 （为太和类群）作为研究对象（见图 4）。

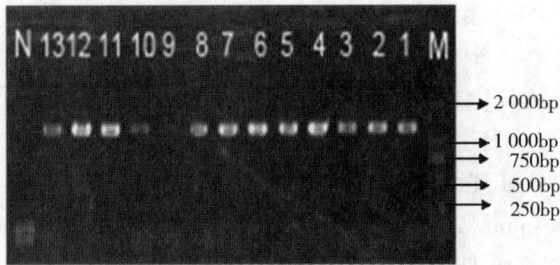

图 4　PCR 扩增产物琼脂糖凝胶电泳检测图

注：M：DL2000 DNA marker；N：空白对照；数字是样品编号。

3.1.2 五华三黄鸡的遗传结构与变异

3.1.2.1 mtDNA D－loop 区序列变异

用 Bioedit 和 ClustalX 对原始 DNA 序列进行对位排列和剪切对齐后，得到五华三黄鸡两个类群——丰华类群和太和类群 mtDNA 控制区序列全长分别为 1 232bp、1 231bp。与原鸡 （*Gallus gallus gallus*－AP003322）相比，发现其与五华三黄鸡的丰华类群 mtDNA D－loop 区序列之间共有 14 个变异位点，都是碱基转换，包括 6 次 A－G 间转换和 8 次 T－C 间转换；而五华三黄鸡的太和类群 mtDNA D－loop 区全序列在第 859 位点缺失，与原鸡 mtDNA D－loop 区序列之间共有 14 个变异位点，其中有 1 个是缺失，其他 13 个变异位点都是碱基转换，包括 5 次 A－G 间转换和 8 次 T－C 间转换。

3.1.2.2　mtDNA D - loop 区序列碱基组成

五华三黄鸡的两个类群，丰华类群和太和类群 mtDNA 控制区的碱基含量见表1。

表1　五华三黄鸡两种品系线粒体控制区序列的碱基组成情况

样品	序列长度 (bp)	碱基组成（%）			
		A	T	C	G
丰华类群	1 232	26.8 (330)	33.6 (414)	26.5 (326)	13.1 (162)
太和类群	1 231	26.7 (329)	33.6 (414)	26.4 (325)	13.2 (163)

3.1.2.3　两个类群与19个鸡种间遗传距离

将五华三黄鸡的丰华类群（DF3）和太和类群（DT1）的 mtDNA D - loop 区序列与 GenBank 中收录的柞蚕鸡（GU261684）、原鸡（AP003322）、原鸡海南亚种（GU261674）、原鸡印度亚种（GU261708）、中国红原鸡（AP003321）、固始鸡（GU261678）、河北地方鸡（GU261694）、河南地方鸡（GU261679）、吐鲁番鸡（GU261683）、白来航鸡（AP003317）、老挝地方鸡（AP003319）、新罕布什尔州红鸡（AY235570）、尼西鸡（GU261710）、泰国红原鸡（GU261716）、武定鸡（GU261676）、仙居鸡（GU261677）、雪峰鸡（GU261675）、腾冲雪鸡（GU261688）、丝羽乌骨鸡（AB086102）利用 Mega 5.0 软件进行遗传距离分析，结果见表2。

表2　五华三黄鸡两个类群与19个品种鸡间遗传距离

		1	2	3	4	5	6	7	8	9	10	11	12	13	14	15	16	17	18	19	20	21
原鸡	[1]																					
泰国红原鸡	[2]	0.003																				
吐鲁番鸡	[3]	0.002	0.004																			
河南地方鸡	[4]	0.007	0.007	0.006																		
雪峰鸡	[5]	0.007	0.007	0.004	0.002																	
仙居鸡	[6]	0.006	0.007	0.003	0.008	0.007																
原鸡海南亚种	[7]	0.007	0.008	0.004	0.007	0.007	0.004															
新罕布什尔州红鸡	[8]	0.007	0.008	0.004	0.008	0.007	0.006	0.007														
白来航鸡	[9]	0.007	0.008	0.004	0.008	0.007	0.006	0.007	0.000													
原鸡印度亚种	[10]	0.010	0.011	0.007	0.012	0.010	0.009	0.010	0.003	0.003												
河北地方鸡	[11]	0.007	0.008	0.006	0.010	0.008	0.007	0.007	0.002	0.002	0.005											
老挝地方鸡	[12]	0.005	0.006	0.004	0.008	0.007	0.006	0.004	0.002	0.005	0.002											
武定鸡	[13]	0.008	0.011	0.007	0.011	0.009	0.007	0.009	0.004	0.004	0.007	0.006	0.006									
固始鸡	[14]	0.010	0.012	0.008	0.012	0.011	0.008	0.011	0.006	0.006	0.009	0.007	0.007	0.002								
尼西鸡	[15]	0.008	0.011	0.008	0.011	0.011	0.008	0.011	0.007	0.007	0.011	0.007	0.007	0.003	0.005							

（续上表）

		1	2	3	4	5	6	7	8	9	10	11	12	13	14	15	16	17	18	19	20	21
腾冲雪鸡	[16]	0.011	0.011	0.009	0.013	0.011	0.011	0.011	0.007	0.007	0.010	0.008	0.008	0.007	0.009	0.009						
太和类群	[17]	0.011	0.012	0.008	0.011	0.009	0.010	0.007	0.009	0.009	0.011	0.009	0.011	0.008	0.010	0.011	0.012					
中国红原鸡	[18]	0.011	0.012	0.008	0.011	0.009	0.010	0.007	0.009	0.009	0.011	0.009	0.011	0.008	0.010	0.011	0.012	0.000				
丰华类群	[19]	0.012	0.013	0.009	0.012	0.010	0.011	0.008	0.010	0.010	0.012	0.010	0.012	0.009	0.011	0.012	0.013	0.001	0.001			
钴镣鸡	[20]	0.011	0.011	0.007	0.009	0.007	0.008	0.006	0.007	0.007	0.011	0.007	0.011	0.010	0.013	0.012	0.005	0.005	0.006			
丝羽乌骨鸡	[21]	0.009	0.011	0.008	0.010	0.008	0.009	0.010	0.007	0.009	0.011	0.007	0.009	0.011	0.013	0.014	0.007	0.007	0.007	0.002		

3.1.2.4 两个类群与 19 个品种鸡间同源性

将得到的五华三黄鸡两个类群——丰华类群和太和类群的 mtDNA D - loop 序列与做遗传距离的 19 个品种鸡的 mtDNA D - loop 序列通过 DNAMAN 分析软件进行比较分析，结果如表 3 所示。

表 3　五华三黄鸡两个类群与 19 个品种鸡间同源性比较

		1	2	3	4	5	6	7	8	9	10	11	12	13	14	15	16	17	18	19	20	21
钴镣鸡	[1]	100%																				
丰华类群	[2]	99.4%	100%																			
太和类群	[3]	99.5%	99.9%	100%																		
原鸡	[4]	99.1%	98.9%	98.9%	100%																	
原鸡海南亚种	[5]	99.4%	99.2%	99.3%	99.4%	100%																
原鸡印度亚种	[6]	98.9%	98.9%	98.9%	99.0%	99.0%	100%															
中国红原鸡	[7]	99.5%	99.9%	100%	98.9%	99.3%	98.9%	100%														
固始鸡	[8]	98.9%	98.9%	99.0%	99.0%	99.0%	99.0%	99.0%	100%													
河北地方鸡	[9]	99.3%	99.0%	99.1%	99.4%	99.4%	99.5%	99.1%	99.3%	100%												
河南地方鸡	[10]	99.1%	98.9%	98.9%	99.4%	99.3%	99.5%	98.9%	98.8%	99.0%	100%											
老挝地方鸡	[11]	99.1%	98.9%	98.9%	99.5%	99.2%	99.5%	98.9%	99.3%	99.8%	99.2%	100%										
新罕布什尔州红鸡	[12]	99.3%	99.0%	99.1%	99.4%	99.4%	99.7%	99.1%	99.4%	99.8%	99.2%	99.8%	100%									
尼西鸡	[13]	98.7%	98.8%	98.9%	99.0%	99.2%	98.9%	98.9%	98.9%	99.3%	99.3%	99.3%	99.3%	100%								
泰国红原鸡	[14]	98.9%	98.7%	98.8%	99.7%	99.2%	98.9%	98.8%	98.8%	99.2%	99.4%	99.4%	99.2%	98.9%	100%							
丝羽乌骨鸡	[15]	99.8%	99.3%	99.4%	99.1%	99.3%	98.9%	99.4%	98.7%	99.3%	98.9%	99.1%	99.1%	98.7%	98.9%	100%						
腾冲雪鸡	[16]	98.8%	98.7%	98.8%	98.9%	98.9%	98.8%	99.1%	99.2%	98.7%	99.2%	99.4%	99.1%	98.9%	98.6%	100%						
吐鲁番鸡	[17]	99.4%	99.1%	99.2%	99.8%	99.6%	99.3%	99.2%	99.4%	99.4%	99.4%	99.2%	99.6%	99.2%	99.1%	100%						
白来航鸡	[18]	99.3%	99.0%	99.1%	99.4%	99.7%	99.4%	99.8%	99.2%	99.0%	99.3%	99.2%	99.1%	99.4%	99.6%	100%						
武定鸡	[19]	99.2%	99.1%	99.0%	99.2%	99.1%	99.6%	99.7%	99.2%	99.3%	99.4%	99.3%	99.4%	99.4%	99.6%	100%						
仙居鸡	[20]	99.2%	98.9%	99.0%	99.6%	99.6%	99.1%	99.0%	99.3%	99.2%	99.4%	99.4%	98.9%	98.9%	99.4%	99.4%	100%					
雪峰鸡	[21]	99.3%	99.1%	99.1%	99.4%	99.4%	99.0%	99.1%	99.2%	99.8%	99.2%	98.9%	99.4%	99.1%	99.6%	99.4%	99.1%	100%				

3.1.2.5　D - loop 基因序列系统进化树的建立

通过 Mega 5.0 软件，依据测定的序列，采用 NJ 法重建系统发生树（见图 5），对五华三黄鸡 mtDNA D - loop 基因进行遗传进化分析。

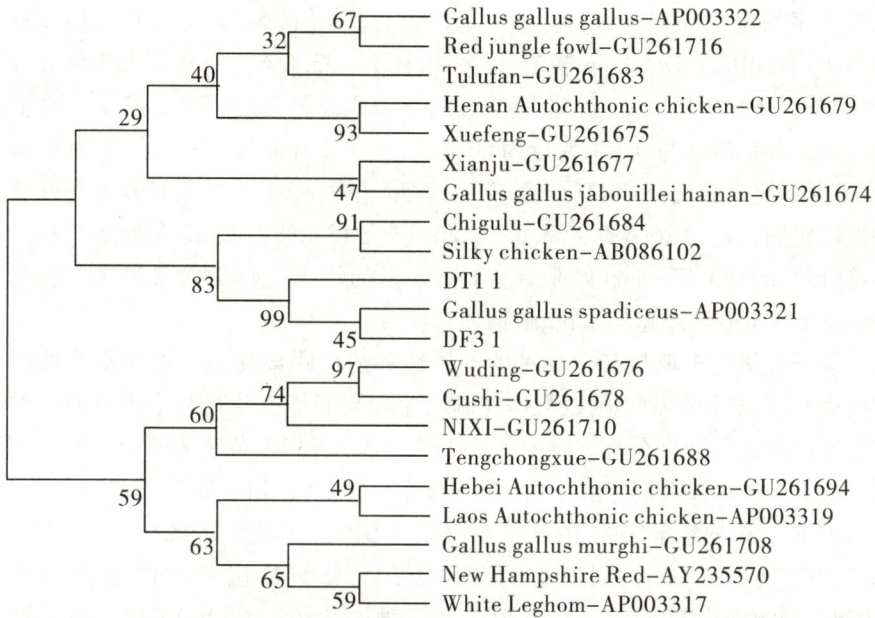

图5 五华三黄鸡两类群体与 19 种其他鸡种 mtDNA D - loop 序列 NJ 分子系统发生树

注：五华三黄鸡丰华类群（DF3）、五华三黄鸡太和类群（DT1）、轱辘鸡（GU261684）、原鸡（AP003322）、原鸡海南亚种（GU261674）、原鸡印度亚种（GU261708）、中国红原鸡（AP003321）、固始鸡（GU261678）、河北地方鸡（GU261694）、河南地方鸡（GU261679）、吐鲁番鸡（GU261683）、白来航鸡（AP003317）、老挝地方鸡（AP003319）、新罕布什尔州红鸡（AY235570）、尼西鸡（GU261710）、泰国红原鸡（GU261716）、武定鸡（GU261676）、仙居鸡（GU261677）、雪峰鸡（GU261675）、腾冲雪鸡（GU261688）、丝羽乌骨鸡（AB086102）。

3.2 分 析

由序列分析对比可知，五华三黄鸡丰华类群和原鸡间 mtDNA D - loop 区 Ⅰ区共有 10 个变异位点，占总变异数的 71.43%，序列变异率为 3.16%；Ⅱ区有 2 个变异位点，占总变异数的 14.29%，序列变异率为 0.43%；Ⅲ区共有 2 个变异位点，占总变异数的 14.29%，序列变异率为 0.45%，其控制区序列的总变异率为 1.14%。五华三黄鸡太和类群数据基本跟丰华类群数据相同。五华三黄鸡太和类群和原鸡间 mtDNA D - loop 区 Ⅰ区共有 10 个变异位点，占总变异数的 71.43%，序列变异率为 3.16%；Ⅱ区有 2 个变异位点，占总变异数的 14.29%，序列变异率为 0.43%；Ⅲ区共有 2 个变异位点，占总变异数的 14.29%，序列变异率为 0.45%，其控制区序列的总变异率为 1.14%。由此可见 Ⅰ区的变异率最高。而其碱基组成，由表 1 可知，丰华类群 mtDNA D - loop

核苷酸序列中 T（33.6%）＞ A（26.8%）＞ C（26.5%）＞ G（13.1%）；太和类群 mtDNA D‑loop 核苷酸序列中 T（33.6%）＞ A（26.7%）＞ C（26.4%）＞ G（13.2%）。丰华类群的 A＋T 含量为 60.4%，G＋C 含量为 39.6%；太和类群的 A＋T 含量为 60.3%，G＋C 含量为 39.6%；丰华类群的 A＋T 含量比太和鸡高 0.1%，而 G＋C 含量一样。A、T、C、G 这四种核苷酸的平均比例分别为 26.8%、33.6%、26.4%、13.2%；A＋T 含量高于 G＋C，这符合鸡 mtDNA D‑loop 区是 A＋T 富含区的特点，而 T 含量最高，表现出 mtDNA D‑loop 区碱基组成的偏倚性。

关于五华三黄鸡与其他鸡种的同源性和遗传距离比较，本次实验选用具有代表性的 19 种品种鸡的线粒体控制区序列与五华三黄鸡两个类群的线粒体控制区序列进行数据分析。结果如表 1 和表 2，五华三黄鸡的两个类群与其他鸡种的 D‑loop 基因核苷酸序列具有较高的同源性，遗传距离也是比较近的。具体如下，丰华群与原鸡的遗传距离为 0.012，同源性为 98.9%；与轳辘鸡的遗传距离为 0.006，同源性为 99.4%；与原鸡海南亚种的遗传距离为 0.008，同源性为 99.2%；与原鸡印度亚种的遗传距离为 0.012，同源性为 98.9%；与中国红原鸡的遗传距离为 0.001，同源性为 99.9%；与固始鸡的遗传距离为 0.011，同源性为 98.9%；与河北地方鸡的遗传距离为 0.010，同源性为 99.0%；与河南地方鸡的遗传距离为 0.012，同源性为 98.9%；与吐鲁番鸡的遗传距离为 0.009，同源性为 99.1%；与白来航鸡的遗传距离为 0.010，同源性为 99.0%；与老挝地方鸡的遗传距离为 0.012，同源性为 98.9%；与新罕布什尔州红鸡的遗传距离为 0.010，同源性为 99.0%；与尼西鸡的遗传距离为 0.012，同源性为 98.8%；与泰国红原鸡的遗传距离为 0.013，同源性为 98.7%；与武定鸡的遗传距离为 0.009，同源性为 99.1%；与仙居鸡的遗传距离为 0.011，同源性为 98.9%；与雪峰鸡的遗传距离为 0.010，同源性为 99.0%；与腾冲雪鸡的遗传距离为 0.013，同源性为 98.7%；与丝羽乌骨鸡的遗传距离为 0.007，同源性为 99.3%。这些数据表明五华三黄鸡的丰华类群与中国红原鸡遗传距离最近，同源性最高，分别为 0.001 和 99.9%；与轳辘鸡的遗传距离和同源性次之，为 0.006 和 99.4%；同腾冲雪鸡和泰国红原鸡的遗传距离最远，同源性最低，为 0.013 和 98.7%。而太和类群与原鸡的遗传距离为 0.011，同源性为 98.9%；与轳辘鸡的遗传距离为 0.005，同源性为 99.5%；与原鸡海南亚种的遗传距离为 0.007，同源性为 99.3%；与原鸡印度亚种的遗传距离为 0.011，同源性为 98.9%；与中国红原鸡的遗传距离为 0.000，同源性为 100.0%；与固始鸡的遗传距离为 0.010，同源性为 99.0%；与河北地方鸡的遗传距离为 0.009，同源性为

99.1%；与河南地方鸡的遗传距离为0.011，同源性为98.9%；与吐鲁番鸡的遗传距离为0.008，同源性为99.2%；与白来航鸡的遗传距离为0.009，同源性为99.1%；与老挝地方鸡的遗传距离为0.011，同源性为98.9%；与新罕布什尔州红鸡的遗传距离为0.009，同源性为99.1%；与尼西鸡的遗传距离为0.011，同源性为98.9%；与泰国红原鸡的遗传距离为0.012，同源性为98.8%；与武定鸡的遗传距离为0.008，同源性为99.2%；与仙居鸡的遗传距离为0.010，同源性为99.0%；与雪峰鸡的遗传距离为0.009，同源性为99.1%；与腾冲雪鸡的遗传距离为0.012，同源性为98.8%；与丝羽乌骨鸡的遗传距离为0.007，同源性为99.4%。因此五华三黄鸡的太和类群与中国红原鸡遗传距离最近，同源性最高，为0.000和100%；与轳辘鸡遗传距离和同源性次之，为0.005和99.5%；同泰国红原鸡和腾冲雪鸡的遗传距离最远，同源性最低，为0.012和98.8%。这些结果显示，五华三黄鸡的两个类群与其他鸡种的D-loop基因核苷酸序列具有较高的同源性，遗传距离也比较近。五华三黄鸡的两个类群都与中国红原鸡同源性最高，遗传距离最近，与泰国红原鸡和腾冲雪鸡的同源性最低，遗传距离最远。同源性分析结果与遗传距离分析结果一致。

通过建立系统树发现五华三黄鸡两种类群——丰华类群和太和类群处于一个分支中，亲缘关系非常近。基于Kimura双参数模型计算丰华类群和太和类群的遗传距离为0.001，其中丰华类群与原鸡的遗传距离为0.012，而太和类群与原鸡的遗传距离为0.011。由图5可以清晰地看出，五华三黄鸡与原鸡来自一个大分支，但亲缘关系较远，与中国红原鸡的亲缘关系最近，各支的置信度有高有低，最高可达99%，最低是29%。

4 讨论和结论

4.1 讨 论

通过以上同源性和遗传距离分析，初步确定了五华三黄鸡与中国红原鸡、丝羽乌骨鸡、原鸡及其他16个鸡种的进化关系。在进化关系上，不管是五华三黄鸡的哪个类群都与中国红原鸡亲缘关系较近；与轳辘鸡亲缘关系次之；与泰国红原鸡和腾冲雪鸡亲缘关系最远。其中太和类群与中国红原鸡的线粒体控制区序列同源性高达100.0%，说明中国红原鸡可能是五华三黄鸡的祖先。鸟类 mtDNA 控制区的进化速度是 2%/1Ma，[①] 根据五华三黄鸡丰华类群与原鸡全序列计算的遗传距离（0.012），它们分歧进化的时间约为 60 万年；根据五华三黄鸡丰华类群与泰国红原鸡全序列计算的遗传距离（0.013），它们分歧进化的时间约为 65 万年。

4.2 结 论

本实验通过 PCR 反应和测序分别得到了五华三黄鸡两个类群——丰华类群和太和类群 mtDNA D－loop 序列全长分别为 1 232bp 和 1 231bp，均发现 14 个变异位点，前者的变异皆为碱基转换，无颠换，后者有 13 个转换，1 个缺失。由此可见，在线粒体基因组 DNA 进化过程中发生转换的频率远高于颠换，在高突变的 D－loop 区也不例外。两个类群的 D－loop 区序列 A、C、G、T 的含量平均为 26.8%、26.4%、13.2%、33.6%，其中 G 的含量显著低于其他碱基的含量，这是 mtDNA 的一个显著特征；A＋T（60.4%）含量大于 G＋C（39.6%）含量，这与鸡的 mtDNA D－loop 区是 A＋T 富含区相一致。

五华三黄鸡与原鸡之间，线粒体 DNA 控制区 I 区、II 区和 III 区的序列变异率分别为 3.16%、0.43% 和 0.45%。不管是丰华类群还是太和类群，其线粒体 DNA 控制区 I 区的序列变异率是控制区全序列平均变异率的 2 倍。就五华三黄鸡的丰华类群来说，线粒体 DNA 控制区 I 区只有 316bp，平均占全序列的 25.65%，其变异位点（10 个）占全序列变异位点（14 个）的 71.43%。可见线粒体 DNA 控制区 I 区的序列变异率最高，II 区和 III 区都低，I 区是 II 区和 III 区的 7.3 倍。

用 DNAMAN 软件进行 mtDNA D－loop 序列比对，初步确定了五华三黄鸡与中国红原鸡、丝羽乌骨鸡、原鸡及其他 16 个鸡种的进化关系，为五华三黄鸡进化、线粒体的结构和功能研究奠定了基础。根据实验结果分析，在进化关系上，五华三黄鸡与中国红原鸡亲缘关系较近，与轱辘鸡亲缘关系次之，与泰国红原鸡和腾冲雪鸡亲缘关系最远。本实验的结果初步说明，在进化关系上五华三黄鸡与中国红原鸡亲缘关系较近，但有关五华三黄鸡真正的起源、在进化上的关系以及群体遗传多样性还有待进一步研究，这些对鸡种的分类、保存、选择、育种、分子进化等都具有重要意义，同时也为后期鉴别检测五华三黄鸡形成探寻出一种准确、快速、可靠的鉴别方法。

----

① 刘益平，朱庆，曾凡同．原鸡线粒体 DNA 部分序列多态性分析［J］．畜牧兽医学报，2004，35（2）：134－140．

五华三黄鸡线粒体 DNA 细胞色素 b 基因全序列分析

黄勋和　钟福生　李威娜　钟　鸣　陈洁波

摘　要: 五华三黄鸡是《中国禽类遗传资源》中记载的优良地方鸡种,属小型肉用品种,主要分布于广东梅州市五华县中部和北部(即华城、潭下、转水、横陂、棉洋等地),具有悠久的历史和独特的生物学特性。由于外来鸡种的不断引进和杂交,纯种的五华三黄鸡数量越来越少,至今尚未见资料对其遗传特性的系统研究。为了了解五华三黄鸡的遗传多样性,本实验采用 PCR 和直接测序的方法测定五华三黄鸡两个类群——丰华类群和太和类群的线粒体 DNA 细胞色素 b 基因(mtDNA Cytb)全序列。结果表明五华三黄鸡两个类群 mtDNA Cytb 全序列长度都为 1 143bp。分析种内的遗传变异,与原鸡相比,五华三黄鸡的丰华类群和太和类群都发现有 2 个变异位点,变异类型均是基因转换,没有观测到丢失或颠换;A + T 碱基含量都为 51.6%,G + C 碱基含量都为 48.5%。五华三黄鸡与其他 6 种禽类的 Cytb 基因序列同源性的分子进化树聚类结果表明,五华三黄鸡不同类群与江边鸡亲缘关系最近。

关键词: 五华三黄鸡;线粒体 DNA 细胞色素 b 基因;全序列分析;系统发生树

1　前　言

1.1　背　景

1.1.1　生物学特征

1.1.1.1　外貌特征

　　五华三黄鸡是优良的地方鸡种、宝贵的家禽品种资源,《中国禽类遗传资源》中记载的地方鸡种。[①] 五华三黄鸡(如图 1 所示)体质结实,体躯略宽、较深,背部和龙骨平直,尾羽较短而翘起,呈黑褐色。喙较短、稍弯,呈黄

---

① 李威娜,陈云燕,钟福生. 广东省五华三黄鸡品种资源保护与利用现状及发展对策 [J]. 湛江师范学院学报,2011,32 (6):132 –135.

色。单冠，色鲜红，公鸡冠较高，冠齿5～7个，母鸡冠齿较小。眼中等大小，有神，虹彩橘红色。全身羽毛纯黄色，尾羽、翼羽有的色稍深，但无其他斑点，这是其与其他三黄鸡的显著区别。养殖多年的母鸡羽毛颜色会变淡，而公鸡颜色会加深。主翼羽紧贴身躯，腿部羽毛厚而松，呈球状凸出。该鸡种可分无胡须和有胡须两种类型：无胡须者头较小，冠、肉髯、耳叶较厚而大；有胡须者耳较薄而小。

图1　选育的五华三黄鸡种鸡

皮肤、胫、趾均为黄色。较其他三黄鸡矮肥，躯体较长，鸡冠较矮，冠齿没有其他三黄鸡的明显，外观较好看。属小型肉用品种，这种鸡肉质嫩滑，皮脆骨软，脂肪丰满，味道鲜美，是黄羽优质肉鸡的统称。

1.1.1.2　体　尺

成年五华三黄鸡体斜长、胸宽、胸深和胫长公母差异不显著，母鸡龙骨长显著大于公鸡，公鸡体重极显著大于母鸡。成年公鸡的体尺变异程度大于母鸡，说明母鸡的体形相对较匀称，公鸡的体形需要进一步选育纯合。体重变异程度较大，说明群体整齐度需要选育提高。

1.1.2　生产性能

1.1.2.1　生长速度与产肉性能

五华三黄鸡的生长高峰期在60～150日龄之间，生长强度较弱，增重较缓慢，饲养周期长，一般210日龄才可出栏，此时成鸡平均体重为1 000g。成年体重（22周龄）：公鸡为1 050～1 200g，母鸡为955～1 050g。此外，五华三黄鸡与其他三黄鸡在同日龄体重相比较低。

五华三黄鸡屠宰性能较高，公鸡屠宰率为89.62%，母鸡屠宰率为92.62%；公鸡全净膛率为62.72%，母鸡全净膛率为61.94%，属于优质肉用鸡。公鸡胸肌率为17.93%，极显著大于母鸡的12.43%，说明公鸡的胸部肌肉较丰满，产肉性能优于母鸡。

1.1.2.2　产蛋性能与繁殖性能

五华三黄鸡生长周期长，性成熟慢。母鸡开产日龄：150～160日龄，开产体重：1 000g。平均年产蛋155个，平均蛋重45g，蛋壳淡粉红色，少数白色。年产蛋8～9窝，窝与窝之间休产15～20d。公鸡性成熟期90～120d，

180～210 日龄便可配种。公母鸡配种比例为 1：10～15。平均种蛋受精率为 90%，平均受精蛋孵化率为 85%，健雏率为 94.3%。公鸡利用年限 3～4a。鸡哺育雏鸡约 80d。

1.1.2.3　肉　　质

五华三黄鸡系水力良好，这会使熟肉多汁，口感更佳。其是优良的高蛋白、低脂肪、口感好、风味好的肉食品原料。

五华三黄鸡公鸡腿肌的水分、粗蛋白、粗脂肪均极显著大于母鸡。五华三黄鸡公鸡各组织粗蛋白含量高低依次为：肌肉＞肌胃＞心＞脑＞肝，母鸡粗蛋白含量：肌胃＞肌肉＞心＞脑＞肝；公母之间，公鸡肌肉粗蛋白含量极显著大于母鸡，心、肝、脑的粗蛋白含量则极显著低于母鸡，肌胃粗蛋白含量差别不显著。公鸡粗脂肪含量：心＞脑＞肌肉＞肌胃＞肝，母鸡粗脂肪含量：心＞脑＞肌胃＞肝＞肌肉；公鸡肌胃、肌肉粗脂肪含量极显著高于母鸡，心、肝粗脂肪含量则极显著低于母鸡。

1.2　研究进展

五华三黄鸡是《中国禽类遗传资源》中记载的优良地方鸡种，属小型肉用品种，主要分布于梅州市五华县中部和北部（即华城、岐岭、潭下、转水、横陂等地）。其具有悠久的历史，长期以来在生态环境条件自然选择下世代衍生形成了独特的生物学特性。但由于它生长速度慢、饲养周期长、农户零星散养量少，加之保存不当以及对外来品种不加区别地引进，造成五华三黄鸡品质降低和群体规模急剧下降，从而使品种的有利基因丢失，纯种五华三黄鸡数量越来越少。

目前对五华三黄鸡的研究较少，主要有三个方面。

第一，对五华三黄鸡品种特性的研究。通过调查、饲养和实验分析，对五华三黄鸡的品种特征、屠宰性能、生长发育规律、肉质和蛋品质有了进一步的认识和归纳。研究表明，五华三黄鸡生长发育速度缓慢，正常为 210 日龄出栏上市。其全身羽毛纯黄色，尾羽、翼羽有的色稍深，但无其他斑点，胸深较深、胫较长。其产肉性能良好，肉质好，系水力强，熟肉率较低，是优良的高蛋白、低脂肪、口感好、风味好的肉食品原料。母鸡在 150～160 日龄即开始产蛋，年产蛋数达 155 个，处于较高水平，是一种肉蛋兼用鸡种，加上其受精率和孵化率均较高，可作为肉鸡生产杂交组合的母本，有很大的应用前景。但由于五华三黄鸡体型较小，加上近亲交配导致的品种衰退，以及受到外来品种的冲击，纯种五华三黄鸡的数量急剧减少，为了保护这一地方品种资源，对五华三黄鸡的品种特性及资源保护利用研究亟须加强。

第二，对五华三黄鸡的品种资源保护、利用现状及发展对策的研究。五华三黄鸡由于其长期与外界失去联系，加之小农饲养，因此保持了十分原始的风貌，是一个不可多得的优良基因库。五华三黄鸡自1983年后受石岐鸡的冲击，一度陷入养殖、销售低谷。此外，由于国内外肉用鸡品种先后多批引进，在一定程度上使五华三黄鸡的优良种质基因受到影响，出现混杂，加上饲养方法落后，极大地制约着五华三黄鸡向产业化、规模化方向发展。2003年，政府相关部门推出了保种复壮计划，在世博会上展出。2006年，农业部组织在全国开展畜禽品种普查工作，五华三黄鸡被确定为《中国禽类遗传资源》中的优良品种之一，这促进了地方政府加大对五华三黄鸡的保护以及推广利用。与此同时，嘉应学院生命科学学院、梅州市畜牧局在地方政府相关部门的配合下，充分利用各有利资源和条件开展了畜禽地方品种的保护工作及扩大品种资源等方面的前期研究工作。社会各企业纷纷投入到五华三黄鸡的保种与生产中，促使五华三黄鸡重返人们餐桌。然而，随着消费者生活水平的提高，对优质和传统食品的追求不断增强，促使"土三黄鸡"的需求量逐渐加大，五华三黄鸡的市场需求量也逐渐增长，但常常供不应求。此外，五华三黄鸡产业产品比较单一，基本上是活鸡上市，加工产品非常薄弱，只有小部分农户进行简单的加工。因此，需要通过以下发展对策对五华三黄鸡进行保护和利用：开展保种选育技术研究，建立健全五华三黄鸡良种繁育体系；形成合理的资源开发利用体系，加强养鸡技术的培训；加大开发利用，提高五华三黄鸡市场竞争力；充分利用资源，发展五华三黄鸡产品及副产品加工；创立优质鸡品牌，开发市场销售途径等。

第三，对五华三黄鸡肉用性能及肉品质的研究。研究以广东省梅州丰华有机农业发展有限公司五华三黄鸡繁育场的五华三黄鸡为素材，对其屠宰性能、肉品质、肌肉感官指标等进行测定，并在此基础上就其鸡肉的感官性状与本场饲养的广西三黄鸡和惠阳胡须鸡进行比较。结果表明：五华三黄鸡公鸡、母鸡屠宰率分别为89.62%和92.62%；半净膛率分别为77.76%和74.74%；全净膛率分别为62.72%和61.94%；腿肌粗蛋白含量分别为24.90%和21.86%；腿肌粗脂肪含量分别为2.58%和0.47%；此外还测定了屠宰后腿肌不同时间的pH值以及心、肝、脑、肌胃、肌肉的粗蛋白和粗脂肪含量。在肉质感官特性上：五华三黄鸡肉的感官性状明显优于广西三黄鸡和惠阳胡须鸡。这些都为五华三黄鸡的品种推广提供了依据，同时也为地方种保护、培育新品种提供了科学数据。

本实验采用PCR和直接测序的方法测定五华三黄鸡两个类群——丰华类

群和太和类群的线粒体 DNA（mtDNA）细胞色素 b（Cytb）全序列，重建分子系统树，进一步了解其遗传特性，探讨类群间的分类地位和系统进化关系。对于解决有关五华三黄鸡在进化和系统发育研究中的许多有争论的问题，了解其起源和品种分化、品种资源状况及遗传资源保护等具有重要的参考价值。

1.3 线粒体基因组在种群遗传分化中的应用

线粒体 DNA（mtDNA）是真核生物的核外遗传物质，被称为真核细胞的第二遗传信息系统和核外表达系统。由 13 个编码蛋白基因、22 个 tRNA 基因、2 个 rRNA 基因和 1 个控制区（D－loop）构成。目前用于系统发育分析的 mtDNA 主要有 COI、CO Ⅱ、ND1、ND2、ND4、ND5、Cytb、12sRNA、16sRNA、控制区序列，其中的 COI、CO Ⅱ、Cytb、12sRNA、16sRNA 和控制区序列是最常用的分子标记。

1.3.1 动物线粒体基因组特征和基因序列特征

真核动物 mtDNA 具有环状双链结构，序列大小在 14 ~ 42kp 之间，由 37 个基因和 1 个非编码区（控制区）组成，分别是细胞色素 C 氧化酶亚单位（COI、CO Ⅱ 和 CO Ⅲ）、细胞色素 b、ATP 酶亚单位（ATPase 6、ATPases 8）、NADH 还原酶复合体亚单位（ND1、ND2、ND3、ND4L、ND4、ND5、ND6）、rRNA 基因（12sRNA、16sRNA）和控制区（D－loop）这 38 个序列片段。

近几年来，mtDNA 作为分子标记被广泛用于进系统发育分析。mtDNA 属于母性遗传，可以保持其祖征并记录下曾经发生的进化事件，一个个体就能代表一个母系基团。选择它作为分子标记的优点主要有八个：①广泛存在富含线粒体的组织中。②是个封闭的环状结构，核苷酸组成保守。③基因排列相对稳定，无内含子、假基因和转座子。④易于分离和分析。⑤能通过合理的简约性标准推断它的系统发生关系。⑥遗传过程中不发生重组、倒位、易位等突变。⑦严格遵守母系遗传的方式。⑧具有较高的进化率。正是由于这八个优点，近几年 mtDNA 已经成为研究生物（尤其是动物）遗传和进化的重要材料。其中的 Cytb、12sRNA、16sRNA 和控制区序列是脊椎动物最常用的分子标记。

1.3.2 Cytb 基因分子进化和系统学应用

随着对 mtDNA 研究的深入，在它的 13 个蛋白质编码基因中细胞色素 b 基因的结构和功能研究得最透彻，在脊椎动物中应用最广、最普遍。它的基因进化速率适中，基因中包含着种内、种间乃至科间大量的遗传进化信息。在DNA片段扩增上也较为容易，可以用一些通用的引物进行扩增，且在分类和系统进化研究中具有较强的通用性。

脊椎动物的 Cytb 基因含有 1 143 个碱基，不发生缺失、插入，碱基置换很大程度上是沉默的，倾向于碱基的转化和颠换，与其他的蛋白质编码基因相比，它的生理机能更易与其基因的进化动力学相联系，在一定进化尺度内不受饱和效应的严重影响，是探讨种间和种内遗传分化程度上的良好指标，被认为是解决系统发育问题最可信的标记之一。

1.4 研究目的与意义

由于外来鸡种的不断引进和杂交，纯种的五华三黄鸡数量越来越少，至今尚未见资料有对其遗传特性的系统研究。为了明确五华三黄鸡的遗传特性，本实验以五华三黄鸡为研究对象，对五华三黄鸡线粒体 Cytb 全序列进行测定和分析，并分析五华三黄鸡与其他鸡种间的同源性及亲缘关系，结合已公布禽类动物 Cytb 区全序列进行系统进化分析，进一步探究五华三黄鸡品种纯度。为五华三黄鸡进化、线粒体的结构和功能研究奠定基础，为该鸡种保种选育技术的应用推广提供更多科学信息。种质资源保护的过程加强基础研究，对鸡种的分类、保存、选择、育种、分子进化等都具有重要意义，同时也为后期鉴别检测五华三黄鸡形成，探寻出一种准确、快速、可靠的鉴别方法。

1990 年，Desjardins 和 Morais 以原鸡（*Gallus gallus gallus – Apoo*3322）为材料测出第一个鸟类线粒体基因组长 16 557bp 的全序列。动物线粒体 DNA（mitochondrial DNA，mtDNA）是目前为止生物群体研究中应用最广泛的遗传标记之一。这是和其进化速率高、母性遗传、无重组以及近中性进化模式等特征分不开的。细胞色素 b（Cytb）是 mtDNA 编码的呼吸链上重要的酶之一，且 Cytb 的结构和功能是 mtDNA 编码的酶中研究得最清楚的，Cytb 基因被广泛用于系统发育研究中。作为一种高效的母系遗传标记，Cytb 基因进化速度适中，在一定的进化尺度内，不受饱和效应的严重影响，所提供的系统发育信息和遗传分化水平更适于分析种间和属间差异。通过比较不同类群同源 DNA 的 Cytb 基因全序列，重建分子系统树，探讨类群间的分类地位和系统进化关系。目前，国内外对五华三黄鸡线粒体 Cytb 区域序列的研究还未见报道。近几年五华三黄鸡市场需求量增大，但引进外来鸡种对地方鸡种造成了很大的冲击。因此加强中国地方优良鸡种的繁育和保护工作任重道远。

2　材料和方法

2.1　实验流程

五华三黄鸡及其他三黄鸡样品采集→五华三黄鸡基因组 DNA 的提取→线粒体 DNA Cytb 区域序列扩增→电泳检测→转化克隆→序列分析。

2.2　实验所需仪器、药品和材料

2.2.1　主要实验仪器

−20℃冰箱、−80℃超低温冰箱、PCR 扩增仪、超净工作台、电泳仪、电泳槽、高速冷冻离心机、鼓风干燥箱、恒温培养箱、恒温水浴槽、恒温摇床、家用电冰箱、精密 pH 计、精密电子天平、凝胶图像分析系统、水平电泳槽、微波炉、微量移液枪、压力灭菌锅。

2.2.2　药　品

DNA 凝胶回收试剂盒、95% 乙醇、Agar power 琼脂粉、Agarose regular 琼脂糖、DH5 α 大肠杆菌、DL2000 DNA marker、DNA 聚合酶、dNTPs、Na2EDTA、NaOH、pMD18 − T vector、SDS、Tris、Tris − 饱和酚、Tryptone、T 载体通用引物 M13F 和 M13R、Yeast Extract、氨苄青霉素、醋酸铵、醋酸钠、蛋白酶 K、高效感受态细胞制备试剂盒、氯仿、氯化钙、氯化镁、灭菌双蒸水、浓盐酸、硼酸、双蒸水、溴化乙锭、异戊醇、PCR 引物。

2.2.3　其他材料

0.2mL PCR 管、1.5mL 离心管、2mL 离心管、81 格冷冻盒、90mm 培养皿、PCR 板、标记笔、刀片、剪刀、酒精灯、滤纸、铅笔、枪头（蓝、黄、白）、枪头盒、涂布棒、橡皮筋。

2.3　操作步骤

2.3.1　样品采集

五华三黄鸡的品种标准为：全身羽毛光滑紧密，尾羽、翼羽无其他斑点；

101

体质结实，体躯略宽、较深，背部和龙骨平直，尾羽较短而翘起，颈羽的颜色鲜明，喙较短、稍弯，呈黄色，皮肤、胫、趾均为黄色，单冠，色鲜红，公鸡冠较高，冠齿 5～7 个，母鸡冠齿较小，公鸡呈金黄色，母鸡呈浅黄色，头颈粗壮，眼大而明亮；眼中等大小，有神，眼睑薄，虹彩橘红色，耳色淡黄。

采样地点为梅州市五华县的岐岭、潭下、长布、双华、安流、棉洋等乡镇，选择比较偏僻山村农户养殖的五华三黄鸡，同时采集用于提出复壮的部分亲本及后代。

同时采集混养的其他鸡种，尤其是三黄鸡，如广西三黄鸡、清远麻鸡、江西黄鸡、惠阳胡须鸡、湖南湘黄鸡、宁都三黄鸡等。样品采用拔取带羽髓的背部羽毛的方法，95% 酒精 -70℃ 保存备用。

2.3.2　五华三黄鸡基因组 DNA 的提取

（1）加入 650mL 裂解缓冲液（50mmol/L Tris－HCl pH8.0，50mmol/L EDTA pH8.0），羽毛剪碎，加 35μL 20% 的 SDS 和 20μL 蛋白酶 K（10mg/mL），混匀，置于 55℃ 摇床 70rpm 消化过夜；

（2）加 380μL Tris 饱和酚和 380μL 氯仿/异戊醇（24∶1），缓慢摇匀 10min，4℃ 静置 2min；

（3）15℃ 10 000g 离心 8min，取 650μL 上清液；

（4）加 350μL Tris 饱和酚和 350μL 氯仿/异戊醇（24∶1），缓慢摇匀 10min，4℃ 静置 2min；

（5）15℃ 10 000g 离心 8min，取 600μL 上清液；

（6）加 650μL 异丙醇和 70μL 3mol/L 醋酸钠（pH5.2），混匀，在 -20℃ 冷冻 2h；

（7）4℃ 15 000g 离心 8min，去上清液；

（8）加 500μL 75% 酒精，4℃ 15 000g 离心 5min，去上清液，4℃ 15 000g 离心 1min；

（9）在超净工作台把多余的水分吹干，并加 50～100μL Elution（2.5 mmol/L Tris－Cl pH8.0），-20℃ 保存备用。

2.3.3　线粒体 DNA Cytb 区域扩增

扩增线粒体 DNA 细胞色素 b 区域，PCR 扩增引物为：

S1：5'－TACCTGGGTTCCTTCGCCCT－3'

S2：5'－TTCAGTTTTTGGTTTACAAGAC－3'

  （1）反应体系：10×扩增缓冲液（含 Mg^{2+}）   2μL

        4 种 dNTP 混合物（2.5mM）   1.6μL

        引物（20μM）   各 0.2μL

        模板 DNA   0.5μL

        TaqDNA 聚合酶（5U/μL）   0.1μL

        灭菌 ddH_2O 14.4μL

  （2）反应条件：94℃   5min

        94℃   30s

        50℃   50s 40 cycles

        72℃   90s

        72℃   7min

        8℃   ∞

2.3.4 电泳检测

  4μL PCR 产物 +0.8 μL loading buffer 在 1% 琼脂糖凝胶 180V 电泳 20min 左右，EB 染色，凝胶成像系统扫描检测。扩增片段应该在 1 200bp 左右。

2.3.5 转化克隆

2.3.5.1 感受态细胞制备

  感受态细胞制备使用商业化试剂盒——高效感受态细胞制备试剂盒（厦门鹭隆生物），菌种为 DH 5α（Escherichia Coli）。

  （1）接单菌落至 5mL 灭菌 LB 培养液中，37℃培养过夜（约 12h）；

  （2）接 0.5mL 菌液至 50mL 灭菌的 LB 培养液，在 37℃以 200rpm 以上进行摇培；

  （3）当菌密度 OD_{600} 至 0.3~0.5，置冰浴 15min，菌液转到 50mL 离心管中，4℃ 2 500g 离心 5min；

  （4）尽量倾去上清液，加入 5mL CCS-A 溶液，在冰浴下不时轻轻晃动溶液 15~20min，如沉淀仍难以悬浮，则用 1mL 的移液器轻轻吹打沉淀，使菌充分悬浮；

  （5）继续冰浴 30min，在 4℃ 1 000g 离心 3min；

  （6）尽量倾去上清液，加入 2.5mL CCS-B 溶液，在冰浴下不时轻轻晃动使沉淀悬浮，如仍有块状沉淀，则用 1mL 的移液器轻轻吹打沉淀，使菌充分悬浮；

  （7）分装成每管 200μL 菌液（用 1.5mL 的灭菌离心管），置 -75℃冰箱保存。

2.3.5.2 连接和转化

（1）取 pMD18 – T vector 试剂盒中 5μL Solution I 和 1μL T 载体与 4μL 纯化的 PCR 产物混合后，16℃连接 2h；

（2）加入 100μL 的感受态菌，轻轻混匀后冰中放置 30min；

（3）42℃水浴中放置 60s，立即置于冰中 2min；

（4）加入 500μL LB 培养基 37℃，100rpm 振荡培养 40min；

（5）取 200μL 培养液在含 Ampicillin 的 LB 固体培养基涂平板后，将平板倒置于 37℃培养箱中培养过夜（约 15h）。

2.3.5.3 阳性克隆的鉴定

每个个体挑取 4 个克隆在含 Ampicillin 的液体培养基 37℃培养 3h，用 M13 测序通用引物检测阳性克隆：1μL 10 × PCR Buffer、0.6μL dNTP Mixture（各 2.5mmol/L）、0.15μL M13F（–47）（20μmol/L）、0.15μL M13R（– 48）（20μmol/L）、0.05μL Taq DNA 聚合酶（5U/μL）、0.6μL 菌液、7.3μL ddH$_2$O。

94℃预变性 4min，25 个循环：94℃ 30s，60℃ 45s，72℃ 1min；最后 72℃延伸 5min。1.5% 的琼脂糖凝胶电泳检测，如果插入片段在 700bp 左右，则认定为阳性克隆。

2.3.5.4 阳性克隆测定

挑取阳性克隆寄到上海立菲生物技术有限公司广州分公司，用 BigDye V3 试剂在 ABI PRISM 3730 自动测序仪上完成测序。

2.3.6 序列分析

利用 Bioedit 软件对五华三黄鸡丰华、太和两种类群，广西三黄鸡（雌），江西黄鸡，清远麻鸡，广西三黄鸡（雄）的 Cytb 序列数据进行编辑，并用 ClustalX 进行对位排列，经人工仔细核查后，再利用 DnaSP 4.0 提取变异位点。其他相关鸡种的 Cytb 基因全长序列从 NCBI 数据库（http：// www.ncbi.nlm.nih.gov/）下载。采用 DNAMAN 进行同源性分析，利用 Mega 5.0 统计碱基组成，并计算基于 Kimura 双参数模型的遗传距离。以原鸡为外群（GenBank 登录号：AP003322），构建 NJ 分子系统发生树。分析五华三黄鸡与其他鸡种间的同源性及亲缘关系，结合已公布禽类动物 Cytb 全序列进行系统进化分析，进一步探究其品种纯度。

3　结果与分析

3.1　线粒体 DNA 细胞色素 b（Cytb）序列 PCR 扩增结果

利用 mtDNA Cytb 环特异性引物序列对五华三黄鸡 10 个个体的基因组 DNA 进行扩增，PCR 产物用 1% 琼脂糖凝胶电泳检测，结果发现特异性良好与预期的相符，并选出 1（太和类群）和 3（丰华类群）作为研究对象（见图 2）。

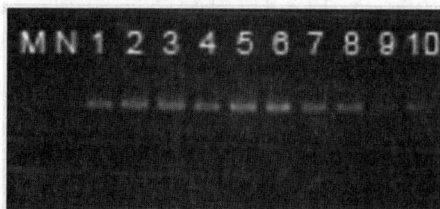

图 2　PCR 扩增产物琼脂糖凝胶电泳检测图
注　M：DL2000 DNA marker；N：空白对照；数字是样品编号。

3.2　五华三黄鸡的遗传结构与变异

3.2.1　mtDNA Cytb 区序列变异

用 Bioedit 和 ClustalX 对原始 DNA 序列进行对位排列和剪切对齐后，得到五华三黄鸡两个类群——丰华类群和太和类群 Cytb 区序列全长都为 1 143bp。然后，利用 Dna SP 软件分别对原鸡（*Gallus gallus gallus* – AP003322）和丰华类群、太和类群进行序列对比分析。与原鸡相比，检测五华三黄鸡的丰华类群和太和类群 Cytb 区都有 2 个单倍型（haplotype）序列，单倍型多样性指数为 1.000，核苷酸多样性指数为 0.001 75。检测到共有 2 个变异位点，且变异方式都是碱基转换替代，未见插入和缺失，分别发生在：第 507 位点发生 1 次 C – T 间转换，第 973 位点发生 1 次 T – C 间转换。

与原鸡 Cytb 区相比，五华三黄鸡的丰华类群和太和类群序列变异相同：在密码子第二位上有 1 个变异位点，占总变异数的 50.0%，序列变异率为 0.26%；在密码子第三位上也有 1 个变异位点，占总变异数的 50.0%，序列变异率为 0.26%；在密码子第一位上没有变异位点，Cytb 区序列的总变异率为 0.18%。由此可见，五华三黄鸡 Cytb 区序列变异率低，在密码子第二位点和第三位点的多态性较高，在密码子第一位的变异率最低。

3.2.2　mtDNA Cytb 区序列碱基组成

五华三黄鸡的两种类群——丰华类群和太和类群，以及广西三黄鸡（雌）、江西黄鸡、清远麻鸡和广西三黄鸡（雄）的 Cytb 的碱基含量见表 1，它们的 Cytb 区序列全长分别为 1 143bp、1 143bp、1 140bp、1 140bp、1 139bp、1 138bp。由表 1 可知，太和类群和丰华类群 Cytb 核苷酸序列中各碱基所占比例相同，都为 C（36.4%）＞ A（27.5%）＞ T（24.1%）＞ G（12.1%）；且 A＋T 含量都为 51.6%，G＋C 含量为 48.5%。广西三黄鸡（雌）和江西黄鸡的 Cytb 核苷酸序列中各碱基所占比例也相同，都为：C（36.5%）＞ A（27.4%）＞ T（24.0%）＞ G（12.1%）；且 A＋T 含量都为 51.4%，G＋C 含量为 48.6%。清远麻鸡和广西三黄鸡（雄）碱基 C 和 G 含量相同，分别为 36.4% 和 12.1%。清远麻鸡碱基 A、T 的含量分别为 27.4% 和 24.1%，广西三黄鸡（雄）A、T 含量则为 27.3% 和 24.2%，且它们的碱基比例也符合 C ＞ A ＞ T ＞ G。可见这 6 种样本的碱基含量和碱基组成相差不大，碱基 C 所占比例最高，G 则最少，且种间差距不超过 0.3%。

这 6 种样本 Cytb 基因全序列 A、T、C、G 核苷酸的平均比例分别为 27.4%、24.1%、36.4%、12.1%；其中 A＋T 含量为 51.5%，G＋C 含量为 48.5%，A＋T 含量高于 G＋C 含量，该结果与脊椎动物 mtDNA 碱基组成（G＋C 百分比在 37%～50% 之间）相一致。[①] 在这 6 种三黄鸡样本中，Cytb 基因在密码子碱基的使用上都存在相同的差异，具有明显的偏向性，并且在不同位点碱基偏倚程度不同：碱基 G 的含量最低，在 Cytb 基因全序列中仅占 12.1%；在密码子的第一位上 4 种碱基使用较为均衡；密码子第二位上碱基 T 的使用比率高达 39.0%，碱基 G 的使用比率低至 12.4%；密码子第三位上碱基 C 的使用比率高达 51.7%，而碱基 G 的使用比率仅为 3.2%。

① 桂建芳. 脊椎动物线粒体 DNA 的进化遗传学 [J]. 动物学杂志, 1990, 25（1）: 50-55.

表1 6种三黄鸡样本线粒体细胞色素b序列的碱基组成情况

样品	序列长度（bp）	碱基组成（%）			
		A	T	C	G
太和类群	1 143	27.5（314）	24.1（275）	36.4（416）	12.1（138）
丰华类群	1 143	27.5（314）	24.1（275）	36.4（416）	12.1（138）
广西三黄鸡（雌）	1 140	27.4（312）	24.0（274）	36.5（416）	12.1（138）
江西黄鸡	1 140	27.4（312）	24.0（274）	36.5（416）	12.1（138）
清远麻鸡	1 139	27.4（312）	24.1（274）	36.4（415）	12.1（138）
广西三黄鸡（雄）	1 138	27.3（311）	24.2（275）	36.4（414）	12.1（138）

3.2.3 五华三黄鸡 mtDNA Cytb 序列比对及进化分析

3.2.3.1 与7个鸡种的遗传距离分析

将五华三黄鸡的两种品系丰华类群（F3）和太和类群（T1）的 Cytb 区序列与 GenBank 中收录的原鸡（AP003322）、江边鸡（GU261713）、淮阳鸡（GU261701）、新罕布什尔州红鸡（AY235570）、南印度鸡（GU261697）、白来航鸡（AP003317）、银鸡125（HQ857211）利用 Mega 5.0 软件进行遗传距离分析，结果见表2。

表2 9个品种鸡的种间遗传距离

		1	2	3	4	5	6	7	8	9
New	[1]	0.000								
White	[2]	0.001	0.000							
Jiangbian - GU261713	[3]	0.001	0.000	0.000						
Yin125 - HQ857211	[4]	0.003	0.002	0.002	0.000					
F3	[5]	0.002	0.001	0.001	0.003	0.000				
T1	[6]	0.002	0.001	0.001	0.003	0.000	0.000			
Southern	[7]	0.004	0.003	0.003	0.005	0.003	0.003	0.000		
Gallus	[8]	0.006	0.005	0.005	0.007	0.004	0.004	0.005	0.000	
Huaiyang - GU261701	[9]	0.007	0.006	0.006	0.008	0.005	0.005	0.004	0.001	0.000

注：New——新罕布什尔州红鸡；White——白来航鸡；Jiangbian - GU261713——江边鸡；Yin125 - HQ857211——银鸡125；F3——丰华类群；T1——太和类群；Southern——南印度鸡；Gallus——原鸡；Huaiyang - GU261701——淮阳鸡。

由表2可知，五华三黄鸡的丰华类群和太和类群，与其他7个鸡种遗传距离分析结果完全相同：五华三黄鸡的丰华类群和太和类群，与白来航鸡和江边鸡的遗传距离最近，为 0.001；与新罕布什尔州红鸡遗传距离次之，为 0.002；与南印度鸡和银鸡 125 的遗传距离都为 0.003，和原鸡的遗传距离则为 0.004；同淮阳鸡的遗传距离最远，为 0.005。

3.2.3.2 与 7 个品种鸡间同源性分析

将得到的五华三黄鸡两个类群——丰华类群和太和类群的 Cytb 序列与做遗传距离的 7 个品种鸡的 Cytb 序列通过 DNAMAN 分析软件进行比较分析。结果显示，五华三黄鸡的丰华类群和太和类群与其他鸡种的 Cytb 基因核苷酸序列具有较高的同源性，且丰华类群和太和类群与其他 7 个鸡种的同源性结果也相同：其中，与白来航鸡和江边鸡同源性最高，达到 99.9%；同新罕布什尔州红鸡的同源性次之，为 99.8%；与南印度鸡和银鸡 125 的同源性为 99.7%，同原鸡比则为 99.6%；和淮阳鸡的同源性最低，为到 99.5%。由此可以看出，同源性分析结果与遗传距离分析结果一致，如表 3 所示。

表3　9 个品种鸡间同源性比较

		1	2	3	4	5	6	7	8	9
New	[1]	100%								
White	[2]	99.9%	100%							
Jiangbian – GU261713	[3]	99.9%	100%	100%						
Yin125 – HQ857211	[4]	99.7%	99.8%	99.8%	100%					
F3	[5]	99.8%	99.9%	99.9%	99.7%	100%				
T1	[6]	99.8%	99.9%	99.9%	99.7%	100%	100%			
Southern	[7]	99.6%	99.7%	99.7%	99.5%	99.7%	99.7%	100%		
Gallus	[8]	99.4%	99.5%	99.5%	99.3%	99.6%	99.6%	99.5%	100%	
Huaiyang – GU261701	[9]	99.3%	99.4%	99.4%	99.2%	99.5%	99.5%	99.6%	99.9%	100%

注：New——新罕布什尔州红鸡；White——白来航鸡；Jiangbian – GU261713——江边鸡；Yin125 – HQ857211——银鸡 125；F3——丰华类群；T1——太和类群；Southern——南印度鸡；Gallus——原鸡；Huaiyang – GU261701——淮阳鸡。

3.2.3.3 Cytb 基因序列系统进化树的构建

通过 Mega 5.0 软件，依据测定的序列，采用 NJ 法重建系统发生树（见图 3），对五华三黄鸡 Cytb 基因进行了遗传进化分析，结果发现五华三黄鸡两种类群——丰华类群和太和类群处于一个分支中，亲缘关系很近。基于 Kimura 双参数模型计算丰华类群和太和类群的遗传距离为 0.000，其中丰华类群与原鸡的遗传距离为 0.004，太和类群与原鸡的遗传距离也为 0.004。由图 3 可以清晰地看出，五华三黄鸡丰华类群和太和类群与原鸡来自一个大分支，但亲缘关系较远，与白来航鸡和江边鸡的亲缘关系最近，各支的置信度有高有低，最高可达91%，最低是68%。

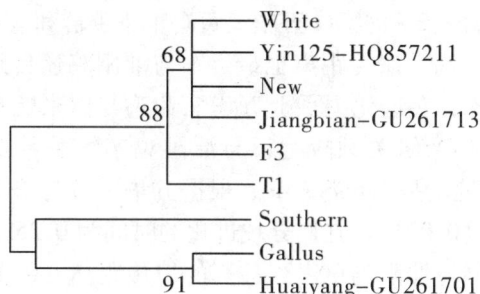

图3　两种五华三黄鸡类群与7种其他鸡种 mtDNA Cytb 序列 NJ 分子系统发生树

注：New——新罕布什尔州红鸡；White——白来航鸡；Jiangbian – GU261713——江边鸡；Yin125 – HQ857211——银鸡125；F3——丰华类群；T1——太和类群；Southern——南印度鸡；Gallus——原鸡；Huaiyang – GU261701——淮阳鸡。

4　结　论

本实验通过 PCR 反应和测序分别得到了五华三黄鸡两种类群——丰华类群和太和类群 Cytb 序列，全长都为 1 143bp，均发现 2 个变异位点，且都发生在密码子第二位点和第三位点，都为碱基的转换替代，未见插入和缺失。由此可见在线粒体基因组 DNA 进化过程中碱基发生转换替代的频率较高，在 Cytb 区也不例外。此外，密码子的使用存在偏倚性（hias）：首先，密码子的第三位碱基为 A 和 C 的比例明显高于 G 和 T；其次，密码子的第二位碱基为嘧啶的比例（T + C = 66.9%）明显高于嘌呤。

五华三黄鸡与原鸡进行序列比对，其线粒体 DNA Cytb 区在密码子第一位点、第二位点和第三位点的序列变异率分别为 0.00%、0.26% 和 0.26%，Cytb 区序列的总变异率为 0.18%，且密码子第二位和第三位的变异位点（1 个）各占全序列变异位点（2 个）的 50.0%。可见，五华三黄鸡的 mtDNA Cytb 区的序列变异率小，且在密码子第二位点和第三位点序列多态性较高。此外，检测到五华三黄鸡丰华类群和太和类群线粒体 Cytb 基因全序列中，有 2 个单倍型，单倍型多样性指数 1.000，呈现出较高的遗传多样性，但其核苷酸多样性指数仅为 0.001 75，处于一个较低水平，具有较高的单倍型多样性和较低的核苷酸多样性。

用 DNAMAN 软件进行 mtDNA Cytb 全序列比对，确定了五华三黄鸡丰华类群和太和类群，与原鸡、江边鸡、新罕布什尔州红鸡、白来航鸡、南印度鸡、银鸡 125、淮阳鸡的进化关系，为五华三黄鸡进化、线粒体的结构和功能研究奠定基础。根据表 2 和表 3，五华三黄鸡丰华类群和太和类群都与白来航鸡和江边鸡同源性最高，遗传距离也最近；与淮阳鸡遗传距离最远，同源性最低。分析结果得出，在进化关系上五华三黄鸡与白来航鸡和江边鸡亲缘关系较近；与南印度鸡亲缘关系较远；与淮阳鸡亲缘关系最远。此外，鸟类 mtDNA Cytb 的进化速度是 1.6%/1Ma，根据五华三黄鸡丰华类群与原鸡全序列计算的遗传距离（0.004），它们分歧进化的时间为 0.25 百万年左右；根据五华三黄鸡丰华类群与淮阳鸡全序列计算的遗传距离（0.005），它们分歧进化的时间为 0.31 百万年左右。

本实验的结果初步说明，在进化关系上五华三黄鸡与白来航鸡和江边鸡的亲缘关系较近，但有关五华三黄鸡真正的起源，以及在进化上的关系、群体遗传多样性还有待进一步研究，这些都对鸡种的分类、保存、选择、育种、分子进化等具有重要意义，同时也为后期鉴别检测五华三黄鸡形成，探寻出一种准确、快速、可靠的鉴别方法。

广东省五华三黄鸡品种资源保护
与利用现状及发展对策

李威娜　钟福生　钟　鸣　陈洁波　翁苗先

　　摘　要：本文以五华县三黄鸡的品种资源、养殖现状以及发展对策为研究对象，采用查阅文献、实地走访的方法对五华县的横陂、水寨、河东、转水、华城、岐岭、潭下、长布、双华、安流、棉洋等乡镇的三黄鸡养殖情况进行调查、访问，概述了五华三黄鸡的品种特性，总结其资源保护与利用现状，分析了五华三黄鸡的形成历史，并对五华三黄鸡的保护与利用提出了发展对策。调查研究结果表明：①五华鸡禽的品种主要有麻鸡、石岐鸡、假三黄鸡和纯系三黄鸡等品种；②通过对五华县各乡镇三黄鸡品种资源的概述，以及资源现状的分析可知五华县的三黄鸡品种多样性相对较低，而且品种分配不够均匀；③五华三黄鸡养殖的现状是规模养殖迅速发展，良种繁殖体系进一步改善，三黄鸡的养殖防疫网络和基础设施建设逐渐完善，但基础设施投资不足，仍需改进；④通过对现状分析，提出五华三黄鸡养殖业发展对策。五华三黄鸡养殖业是促进五华县农村生产发展的朝阳产业，是农民增收的重要产业，切实做大做强五华的三黄鸡养殖业，能够大大地促进五华县的经济社会发展，为五华县的农村经济发展前景带来新的机遇。

　　关键词：五华三黄鸡；品种；资源保护；利用现状；发展对策

　　广东省五华县是一个长期以来把养鸡作为主要家庭副业之一的农业县，五华县养鸡业的发展为丰富全县人民"菜篮子"，改善农民生活水平，提高农民收入发挥了十分重要的作用。县内农户以散养为主，少圈养，饲料来源主要为菜叶、稻谷和少量的玉米等农副产品。随着人民生活水平的不断提高、消费市场的不断扩大，以及对肉鸡需求量的不断增加，为了满足消费者的需求，养鸡科技人员根据现代遗传育种原理和技术，积极培育和繁育三黄鸡品种。广东从香港引进石岐杂鸡之后，肉鸡业生产迅速发展，三黄鸡数量增加，特别是五华地区。五华三黄鸡的发源地是湛江地区信宜县，现由茂名管辖（注：信宜1983年以前属湛江管辖）。五华县的养鸡业是因地制宜、流动发展的，农村养鸡在家禽养殖业中占有相当高的份额。由于目前尚未见有相关五华三黄鸡研究开发的报道，故在标准化、规范化、法制化的市场经济时代，

111

为了进一步开展五华三黄鸡的选育及开发利用工作，人们应该掌握其生长发育的规律，更好地扩繁和应用示范。

五华三黄鸡是优良地方鸡种、宝贵的家禽品种资源，也是《中国禽类遗传资源》中记载的地方鸡种，[①] 主要分布于梅州市五华县中部和北部（即横陂、水寨、河东、转水、华城、岐岭、潭下、长布、双华、安流、棉洋等地），具有悠久的历史，长期以来在生态环境条件自然选择下世代衍生形成了独特的生物学特性。由于它生长速度慢，饲养周期长，农户零星散养量少，难增收致富，一度未曾被养殖户和政府重视。然而，五华三黄鸡由于其长期与外界失去联系，小农饲养，保持了十分原始的风貌，是一个不可多得的优良基因库。因此，为了保护地方品种，摸清品种资源，扩大种群数量，综合开发利用，笔者在导师前期研究的基础上，结合广东省、教育部产学研结合项目（编号：2010B090400248）资助的研究内容，开展对五华三黄鸡品种资源、保护和开发利用现状的调查研究，并提出未来发展对策，为全面认识和开发利用这一优良品种提供基础信息。

1　品种资源概述

1.1　基本情况

1.1.1　品种名称

五华三黄鸡在动物学分类上属于鸟纲（Aves）、鸡形目（Galliformes）、雉科（Phasianidae）、原鸡属（*Gallus*）。

其他相关资料如下：

中文学名：五华三黄鸡

界：动物界

门：脊索动物门

亚门：脊椎动物亚门

纲：鸟纲

亚纲：今鸟亚纲

---

① 陈国宏，王克华，王金玉，等. 中国禽类遗传资源［M］. 上海：上海科学技术出版社，2004：37，51.

1.1.2 名称来源

"三黄鸡"的名字由朱元璋钦赐。

三黄鸡在国家农业部权威典籍《中国家禽志》一书中排名首位,该鸡属农户大自然放养,其肉质细嫩,味道鲜美,营养丰富,在国内外享有较高的声誉。具有体形小、外貌"三黄"(羽毛黄、爪黄、喙黄)、适应性强、产蛋性能好、肉质鲜嫩等优良性状。[①]

1.1.3 追踪溯源

我国的三黄鸡生产有着悠久的历史。以前人们一直认为我国鸡种的祖先是东南亚地区的野鸡,后来有人认为我国的鸡种是由西南地区的原鸡驯化而来的,也有人认为广东的鸡种可能起源于海南原鸡。广东地区东汉时期(25—200 年)的古墓中发掘出许多陶鸡,而有关广东鸡种的文字记载,见于郭义恭的《广志》:"鸡有胡髯、五指、金骹、反翅之种。"[②] 胡髯是指颔下胡须状的发达而张开的羽毛,金骹是指足胫呈金黄色。由此可见三黄鸡的饲养至少有 2 000 年的历史。由于广东人民长期对三黄鸡品质的严格要求和对烹饪技艺的追求,因此对选育肉质上佳的三黄鸡品种起了重大的推动作用。另外,由于广东地处我国的南部,属亚热带气候,气候温和,雨量充沛,作物生长良好,是有名的鱼米之乡,饲料资源十分丰富,经过长期的选育,形成广东独特的以肌肉纤维细小、肉质嫩滑、脂肪沉积丰富、皮脆骨细、鸡味鲜美浓郁为特点的三黄鸡品种。

严格地说,广东三黄鸡的原产地在广西壮族自治区的东南各县市,尤以梧州市的岑溪、藤县,玉林的容县、北流、平南、桂平等县市的质量最优,历史也最悠久。在清朝就远销港、澳以及广州、湛江等地,并通过上述口岸出口到东南亚(以前统称南洋)。

五华三黄鸡的发源地是湛江地区信宜县,[③] 现由茂名管辖(注:信宜 1983 年以前属湛江管辖)。其为著名的良种肉用鸡,也是我省"广东三大名鸡之首",是地方良种鸡之一。中华人民共和国成立初期,信宜怀乡有农民养了一只 4.5kg 重的本地三黄鸡,为表达对毛主席的敬仰,寄给毛主席,主席

---

① 中国畜禽种业杂志社. 仙居三黄鸡 [J]. 中国畜禽种业, 2008 (4): 25.

② 三黄鸡生产的历史和现状如何 [EB/OL]. http://www.cctv7kejiyuan.net/a/jiaqinyangzhi/sanhuangjiyangzhi/9494.html.

③ 罗本森. 湛江鸡 [EB/OL]. http://baike.baidu.com/view/151534.htm.

见此鸡品质好，当即指示工作人员将此鸡送往当年的广交会展览，一举获得金奖，信宜三黄鸡（如图 1 所示）因此得名[①]。

据调查，在 1964—1982 年近 20 年间五华三黄鸡一直被作为商品销往香港等地。1983 年后其受石岐鸡的冲击，一度陷入养殖、销售低谷。2003 年，政府相关部门推出了保种复壮计划，在世博会上展出。广东三黄鸡的育种起步于 20 世纪 80 年代，到目前

图 1 信宜三黄鸡

为止也只有短短十几年的时间，尽管取得了极大的进展，但各畜牧公司在育种的基础条件建设、育种群的规模（一品系普遍只有 50～100 个家系）、育种技术、疾病防治，以及产品的销售配套服务上，与国内外优秀的白羽肉鸡和产蛋鸡的育种公司相比，还存在一定的差距。五华县市场流动的鸡禽 80% 都是外来的，主要来自丰顺温氏、梅县等地。而纯五华三黄鸡数量少，分布在五华的边远山区，作为家鸡，自给自足。

1.2 外貌特征

五华三黄鸡体质结实，体躯略宽、较深，背部和龙骨平直，尾羽较短而翘起。颈羽的颜色鲜明。喙较短、稍弯，呈黄色。单冠，色鲜红，公鸡冠较高，冠齿 5～7 个，母鸡冠齿较小。眼中等大小，有神，眼睑薄，虹彩橘红色，耳色淡黄。公鸡呈金黄色，母鸡呈浅黄色，头颈粗壮，眼大而明亮。全身羽毛纯黄色，光滑紧密，有的色稍深，尾羽、翼羽有少许杂色或无杂色，但无其他斑点，这是其与其他三黄鸡的显著区别。多年的养殖下母鸡羽毛颜色会变淡，而公鸡颜色会加深，这种鸡主翼羽紧贴身躯，腿部羽毛厚而松，呈球状凸出。该鸡种可分无胡须和有胡须两种类型：无胡须者头较小，冠、肉髯、耳叶较厚而大；有胡须者耳较薄而小。皮肤、胫、趾均为黄色。较其他三黄鸡矮肥，躯体较长，鸡冠较矮，冠齿没其他三黄鸡的明显，外观较好看（如图 2、图 3 所示）。

五华鸡禽的品种主要有麻鸡、石岐鸡、假三黄鸡和纯系三黄鸡。

---

① 罗本森. 信宜三黄鸡［EB/OL］. http：//baike. baidu. com/view/1369432. htm.

图2 原种五华三黄鸡

图3 选育的第三代五华三黄鸡种鸡

现在所称的三黄鸡，并不是特指某一个品种，而是黄羽优质肉鸡的统称。这类鸡包括很多品种，分布也很广，广东主要有三黄胡须鸡、清远麻鸡、杏花鸡、中山沙栏鸡、阳山鸡、文昌鸡、怀乡鸡，其他还有上海浦东鸡、浙江萧山鸡、北京油鸡、福建莆田鸡、山东寿光鸡等。这些三黄鸡深受中国大陆、港澳台以及东南亚地区消费者的欢迎。

五华三黄鸡属中快型三黄鸡，通过人工选育，不但保持了传统三黄鸡的优质风味，而且生长速度、饲料转化率、产肉和产蛋量均提高了。

优质三黄鸡要求饲养到性成熟阶段上市最好，其肉质好、风味浓、经济效益也最好。不同品种的三黄鸡上市时间不同，一般是90～120d（见表1)[①]。而五华三黄鸡的上市时间一般是210d。

表1　三黄鸡品种类型和生产性能

品种	类型	周龄	体重（g）	料肉比
惠阳胡须鸡	优质	15	1 350	3.8：1
清远麻鸡	优质	15	1 400	3.7：1
石岐杂鸡	优质	15	1 500	3.5：1
广东黄鸡	优质	15	1 600	3.3：1
北京油鸡	优质	15	1 450	3.8：1
北京宫廷鸡	优质	15	1 550	3.4：1

① 张克刚，李共群，赵幼松. 三黄鸡主要品种类型及饲养管理技术［J］. 天津农业科学，1998（4）：38－40.

（续上表）

品种	类型	周龄	体重（g）	料肉比
（油鸡×石岐杂）海佩科×石岐杂	快速	10	1 600	2.8∶1
红布罗×石岐杂	快速	10	1 600	2.8∶1
苏禽－96	快速	10	1 600	2.7～2.8∶1

1.3　品种分布

1.3.1　主要分布地

五华三黄鸡属小型肉用品种，主产于五华县中部和北部，分布于横陂、水寨、河东、转水、华城、岐岭、潭下、长布、双华、安流、棉洋等乡镇，肉质细嫩，味美可口，销往广州、香港等地。

1.3.2　分布地区的自然生态环境

五华县地处北回归线附近，是广东省梅州市辖县，革命老区县，位于广东省东北部，韩江上游，是粤东丘陵地带的一部分，在北纬23°23′～24°12′，东经115°18′～116°02′之间，东起郭田照月岭，西至长布鸡心石，南起登畲龙狮殿，北至新桥洋塘尾，属中低纬度南亚热带季风气候，夏长冬短，日照时长，光能充足，雨量充沛，是盛产稻、麦、豆、薯等一年三熟的南亚热带农业区。年平均气温为20.6℃，1月平均气温为11.9℃，7月平均气温为28.7℃；3～9月为雨季，年平均降雨量为1 498mm。[①]农业主产稻谷，农副产业是果蔗种植，"山水随人意，碧水映青山"，五华县四周山岭为障，山地丘陵相间，河谷盆地交错，水分充足，适合三黄鸡的集约饲养、散养、山地放养、笼养等。

1.3.3　品种对当地的适应性

五华县养殖户的养殖模式主要是以农户自发饲养为主，专业户集中饲养为辅。农村饲养三黄鸡历来以利用房屋前后的竹林、山地、草坪放养为主，粗放饲养。早晨开笼放出，晚上关笼息宿。一般只在晚间鸡回笼前喂食一次，

---

① 广东省农村信息中心. 梅州市农业概况［EB/OL］. http：//www. gd. agri. gov. cn.

早晨、中午都不喂食。这些农户放养的鸡可以从外界采食一些天然的营养未知因子，同时，鸡在放养时，由于生活空间大，更自由，所受的应激小，因而形成了其独有的特征。白天让其自由觅食，傍晚适当补饲稻谷等粮食作物，林果园中天然食饵（如昆虫、白蚁、青草等）丰富，为农家养鸡提供了有利的放养条件。

充足的水分是三黄鸡必不可少的营养物质之一。在整个饲养过程中，鸡的饮水量大约是采食饲料量的 2~3 倍，气温愈高饮水量愈多。湿度适中，有利于防止雏鸡脱水，保证其健康生长。温度、温差适中，可以刺激鸡的食欲，从而提高其采食量，促进生长。光照充足，能起到杀菌作用。

五华县各养殖地饲养地方广，活动范围大，空气流通，地面干爽，可显著降低鸡群的球虫病、大肠杆菌病、慢性呼吸道病等疾病的发生率，有助于三黄鸡的生长。可把鸡放到果园、山地或塘基自由活动，吃虫吃草，鸡粪可肥土、肥果及养鱼，因此果园或山地又为三黄鸡的生长发育创造了良好的环境。此外，五华三黄鸡对自然环境气候的适应能力强，对各种疾病的抵抗力也较强。

1.4 品种资源特征

五华三黄鸡具有悠久的历史，长期以来在生态环境条件自然选择下世代衍生形成了独特的生物学特性[1]：具有广泛的适应性，抗病能力强，并有很强的集群性，健雏率和成活率高，生长速度慢（210d 达 0.9~1.1kg），耐粗饲且肉质鲜美、营养丰富等。由于五华三黄鸡的生长速度要慢一些，所以饲养周期要长一点；但三黄鸡的肉质细嫩、皮薄、肌间脂肪适量、肉味鲜美，所以在市场上受到消费者的欢迎，价格也高一些。

三黄鸡在 3 周龄以前绝对增重不大，但相对生长强烈；4~6 周龄绝对增重不断上升，而相对生长不断下降；7~15 周龄绝对增重不断下降，而相对生长也不断下降；16~20 周龄绝对增长逐渐回升，相对生长也略有增大；20~22 周龄绝对生长又开始回落，而相对生长仍持续增大。生长发育表现出明显的阶段性和不平衡性。这些特点可作为对三黄鸡进行培育和饲养管理的重要参考。[2] 因此，在实际生产中可以根据生长模型对三黄鸡的生长趋势进行预测，也可以在育种工作中对选择反应进行预测。在三黄鸡饲养管理过程中，

① 钟福生，李威娜，翁苗先，等. 五华三黄鸡品种特性研究 [J]. 中国家禽，2012，34 (9)：61-63.
② 马发顺，王聪. 三黄鸡的生长发育规律研究 [J]. 中国动物保健，2010 (3)：37-40.

可以根据不同的生长发育阶段提供不同的营养标准，结合科学的饲养管理，充分挖掘三黄鸡的生长潜力，提高生产性能。

1.5 品种性能

1.5.1 生长速度与产肉性能

五华三黄鸡的生长高峰期在 60 ~ 150 日龄之间，生长强度较弱，增重较缓慢，饲养周期长，一般 210 日才可出栏，此时成鸡平均体重为 1 000g。210 日龄公鸡平均全净膛屠宰率为 74.90%，母鸡为 73.32%。成年体重（22 周龄）公鸡为 1 050 ~ 1 200g，母鸡为 955 ~ 1 050g。此外，比较五华三黄鸡与其他三黄鸡的同日龄体重，前者较低。

五华三黄鸡屠宰性能较高，公鸡屠宰率为 89.62%，母鸡屠宰率为 92.62%；公鸡全净膛率为 62.72%，母鸡全净膛率为 61.94%，属于优质肉用鸡。[1] 公鸡胸肌率为 17.93%，极显著大于母鸡的 12.43%，说明公鸡的胸部肌肉较丰满，产肉性能优于母鸡。

1.5.2 产蛋性能与繁殖性能

五华三黄鸡生长周期长、性成熟慢。母鸡开产日龄：150 ~ 160d，开产体重：1 000g。平均年产蛋 155 个，平均蛋重 45g，蛋壳淡粉红色，少数白色。年产蛋 8 ~ 9 窝，窝与窝之间休产 15 ~ 20d。公鸡性成熟期为 90 ~ 120d，180 ~ 210 日龄便可配种。公母鸡配种比例为 1∶10 ~ 15。平均种蛋受精率为 90%，平均受精蛋孵化率为 85%，健雏率为 94.3%。公鸡利用年限 3 ~ 4a。鸡哺育雏鸡约 80d。[2]

1.6 品种价值

1.6.1 营养价值

三黄鸡具有保健作用，鸡肉营养价值高。这种鸡肉质嫩滑，皮脆骨软，脂肪丰满，味道鲜美，肉味醇香，氨基酸含量可与乌骨鸡相媲美。具有高蛋

---

① 钟福生，韩春艳，郑清梅，等. 五华三黄鸡肉用性能及肉品质的研究 [J]. 嘉应学院学报，2011，29（8）：71 - 75.
② 李威娜，陈云燕，钟福生. 广东省五华三黄鸡品种资源保护与利用现状及发展对策 [J]. 湛江师范学院学报，2011，32（6）：132 ~ 135.

白、低脂肪、低固醇特点的五华三黄鸡在五华县分布广、数量多、品质好，在优良环境中饲养的五华三黄鸡不但保持了传统三黄鸡的优质风味，而且生长速度、产肉量和产蛋量不断提高。

1.6.2 经济价值

三黄鸡是五华典型的地方优质土鸡品种，深受消费者青睐，具有稳定遗传的许多有利经济性状，有重要的保存利用及科学研究价值，适合培育机械化笼养蛋肉兼用型良种鸡。饲养三黄鸡不仅可提高当地农民的收入，而且可以合理利用闲散的劳动力，降低生产成本，为消费者选择商品鲜蛋和开拓潜在市场提供科学依据。

五华三黄鸡现在的市场价格高于其他品种，每斤价格比其他品种要高出3~5元，这说明五华三黄鸡具有较高的经济价值。

2 资源保护与利用现状

2.1 资源保护现状

早在20世纪50年代初期，广东省农科院畜牧兽医系及华南农学院联合对本省优良地方鸡种进行过大量的调查研究，初步掌握了全省家禽品种资源状况，经60年代初的复查、70年代中后期的再核查以及反复调查论证，至80年代由广东省农科院、广东省农业厅、华南农学院等单位联合进行补充调查，并挖掘了一些特有性状的品种，最后将三黄胡须鸡、清远麻鸡、杏花鸡、中山沙栏鸡、怀乡鸡、阳山鸡六个优良地方鸡种列入《广东省家畜家禽品种志（1987年）》[①]。随后三黄胡须鸡、清远麻鸡、杏花鸡又被列入《中国家禽品种志（1988年）》（占收录全国肉用型地方鸡种数量的3/8），成为国家著名地方鸡种。[②] 而五华三黄鸡于2004年列入《中国禽类遗传资源》[③] 一书中，记载为地方优良鸡种。

随着人民生活水平的提高，为了满足消费者对肉鸡数量和质量两方面的需求，适应集约化生产，养鸡业的科技人员运用现代遗传育种原理和技术，

---

① 广东省家畜家禽品种志编辑委员会，广东省畜牧局. 广东省家畜家禽品种志 ［M］. 广州：广东科技出版社，1987：85 - 101.

② 中国家禽品种志编写组. 中国家禽品种志 ［M］. 上海：上海科学技术出版社，1998.

③ 陈国宏，王克华，王金玉，等. 中国禽类遗传资源 ［M］. 上海：上海科学技术出版社，2004：37，51.

力求培育和繁育拥有三黄鸡地方品种和肉用仔鸡品种优点，而又避免两者缺点的品种或品系，这就是所谓的"仿土黄鸡"，以石岐杂鸡为代表。1980年至1981年，广东省从香港引进石岐杂鸡开始，三黄鸡生产在广东省迅速发展起来。首先是石岐杂鸡在省内各地得到迅速推广，如在广州市白云区，1990年全区上市三黄鸡达1281万只，占肉鸡上市总量的70%，尤其在近几年，三黄鸡发展速度更快，数量更多，已占肉鸡上市的90%以上，甚至被引进到河南、山西、湖南、广西、上海、北京等省（区）市，出现了"北繁南养"的状况（北方省份繁殖生产种蛋，在广东、广西两地饲养肉鸡）。同时在品种方面也有了进一步的改良和分化，按生产性能和体形大小划分，大致可将三黄鸡分为四类：一是以广东地方品种为代表的三黄鸡，俗称"土鸡"，其品种特征已不是很明确；二是以纯石岐杂鸡、粤黄鸡为代表的优质型"仿土黄鸡"；三是在石岐杂鸡基础上经适当改良而使生长速度有所提高的三黄鸡，俗称"中快型"三黄鸡；四是体形大、生长速度快、含一定肉用仔鸡品种血缘的"快大型"三黄鸡，主要以882、江村黄鸡为代表。四种类型的三黄鸡满足了消费市场对三黄鸡多层次的需要。这些三黄鸡，除保持传统的三黄鸡体形外貌和肉质风味外，其生产性能和繁殖性能也有了很大的提高，形成了许多新的品种，使三黄鸡生产进一步发展。

五华三黄鸡原产五华县的横陂、水寨、河东、转水、华城、岐岭、潭下、长布、双华、安流、棉洋等乡镇。自1964—1982年近20年一直被作为商品销往香港等地。1983年后其受石岐鸡的冲击，一度陷入养殖、销售低谷。此外，由于国内外肉用鸡品种先后多批引进，在一定程度上使五华三黄鸡的优良种质基因受到影响，出现混杂，加上饲养方法落后，极大地制约着五华三黄鸡向产业化、规模化方向发展。至目前为止，五华三黄鸡生态养殖技术集成系统研究尚属空白。2003年，政府相关部门推出了保种复壮计划，在世博会上展出。并且在2006年农业部组织的全国开展的畜禽品种普查工作中，确定五华三黄鸡为《中国禽类遗传资源》中优良品种之一，这促进了地方政府加大对五华三黄鸡的保护以及推广利用。例如梅州市人民政府办公室印发《关于继续实施畜牧品种改良促进畜牧业发展议案（五年）总体实施方案的通知》（梅市府办〔2009〕25号）声明积极开展对五华三黄鸡的保护和开发利用，加强种畜禽的质量监督管理工作，严格执行种畜禽生产经营许可证制度。①《梅州市农业局关于加快改造传统农业促进农业增效农民增收工作意见的通

---

① 梅州市人民政府办公室. 关于继续实施畜牧品种改良促进畜牧业发展议案（五年）总体实施方案的通知［EB/OL］. http：//www. meizhou. gov. cn/zwgk/fggw/sfbgswj/2009 - 03 - 23/1237796979d4 2125. html.

知》（梅市府办〔2009〕99 号）中强调加强对五华三黄鸡的开发研究，加快推进农业技术研发和良种培育体系建设，加强农业管理和农技实用型人才培训，以技术和人才为驱动，促进科技成果转化，努力增强农业发展新优势，取得新成果。① 此外，梅州市畜牧兽医局在《梅州市 2011 年畜牧业工作要点》中指出，继续实施五华三黄鸡的保护和开发利用工程，打造梅州市畜牧业品牌。② 与此同时，嘉应学院生命科学学院、梅州市畜牧兽医局在地方政府相关部门的配合下，充分利用各有利资源和条件开展了畜禽地方品种的保护工作、扩大品种资源等方面的前期研究工作。社会各企业纷纷投入到五华三黄鸡的保种与生产中，例如多次被评为梅州市龙头企业的梅州丰华有机农业发展有限公司大规模生态养殖五华三黄鸡，促使五华三黄鸡重返人们餐桌。

2.2 资源利用现状

目前，五华三黄鸡大宗养殖模式主要是以农户自发饲养为主，专业户集中饲养为辅。农村饲养五华三黄鸡以利用房屋前后的竹林、山地、草坪放养为主，粗放饲养，自主觅食，或以农产品稻谷、米糠为主，辅之玉米、大麦、小麦等，食品添加剂和饲料使用少，使得其肉质细嫩、营养价值高、味鲜美，具有浓郁的野生风味。随着消费者生活水平的提高，其对优质和传统食品的追求也不断增强，促使"土三黄鸡"的需求逐渐加大。五华三黄鸡的市场需求量也逐渐增长，但常常供不应求。

家禽产品深加工是刺激消费增长的重要措施，也是家禽产业化经营的核心。然而，五华三黄鸡产业产品比较单一，基本上是活鸡上市，加工产品非常薄弱。只有少部分农户进行简单的加工，例如鸡蛋分类销售等。

3 发展对策

由于五华县的商品经济和养鸡业发展较慢，在 1980 年以前，三黄鸡的饲养以农家庭院散群放养为主，生产数量不多，主要是满足养殖户自己的需要，少量在集市零售，三黄鸡的饲养没形成规模，只是小农经济的一种家庭副业，

① 梅州市人民政府信息公开目录. 梅州市农业局关于加快改造传统农业促进农业增效农民增收工作意见的通知 [EB/OL]. http://www.meizhou.gov.cn/zwgk/open/2010 - 01 - 05/1262673983d62852.html.
② 梅州市畜牧兽医局. 梅州市 2011 年畜牧业工作要点 [EB/OL]. http://www.meizhou.gov.cn:82/xxg kml/content.php? IndexID =83363.

更没有大规模的集约化饲养和商品生产，而且这些品种还存在着产蛋少、生长速度慢、饲料利用能力低、商品一致性差的缺点，与现代集约化养鸡生产不相适应，无法满足人民群众迅速增长的对优质三黄鸡的需要。在缺乏对地方鸡种种质资源现状的了解、有效保护以及对优质三黄鸡种质特性的深入研究的情况下，目前，我省在地方鸡种种质特性研究方面，主要集中在普通的生产性能测定和亲缘关系研究上，而对我省优质三黄鸡具有肉质好、抗病性强、适应性强等优良特性的真正原因缺乏了解，更谈不上相关基因的分离克隆，说明我省亟须对地方鸡种种质特性进行深入研究。[1]

五华三黄鸡是我国宝贵的生物遗传资源，需提高品种保护意识，做到开发利用和品种资源保护和谐发展。当前，应根据五华三黄鸡的分布特点，制定五华三黄鸡保种规划和选育方案。依靠项目组织运作选定若干条件适宜的山区、半山区作为保种区，建立五华三黄鸡保种选育场，饲养具有一定群体规模的纯种原鸡，并开展选种选配、提纯复壮工作，向外界提供优良种鸡，培养我国热带、亚热带地区特色小型鸡种，满足社会发展的需要。

3.1 开展保种选育技术研究，建立健全良种繁育体系

据调查，目前五华三黄鸡的种群数量少，市场大部分流动的鸡禽主要来自外地，造成这种情况的原因，主要还是因为人们的小农意识强，加上外来引进鸡种的冲击，五华三黄鸡的数量更是稀少。因此，开展五华三黄鸡保种选育技术研究，建立五华三黄鸡健全良种繁育体系势在必行。应充分利用五华本地的资源优势，原地保护，建立良种繁育基地，按市场导向进行建设和发展，并且在政府帮助规范和引导下，联合高校、科研单位以及企业建立五华三黄鸡种鸡的繁育体系，进一步提高商品鸡的生产水平和产品品质，同时确保五华三黄鸡遗传资源得到保护。[2]

3.2 形成合理的资源开发利用体系，加强养鸡技术的培训

邀请和聘请有关专家对五华三黄鸡养殖机构进行畜禽遗传资源保护知识及养殖技术培训，提高增殖速度和解决疾病防治问题等，形成合理、有效的

---

① 瞿浩，舒鼎铭，杨纯芬. 广东优质鸡种质资源的现状及发展建议 [J]. 广东农业科学，2004（6）：4 - 7.

② 高丰，丛永博，曹育明. 家禽产业化生产现状及发展对策 [J]. 养殖与饲料，2009（1）：104 - 106.

保护体系。① 此外，在确定五华三黄鸡新的品种的标准、生态养殖技术标准的情况下，申请无公害五华三黄鸡产品认证，申请国家商标注册，申报国家技术（养殖）专利，争取在 3～5 年内形成产业化、专业化、规模化的技术养殖大型企业，最终达到为地方经济服务的目的。

3.3 加大开发利用，提高五华三黄鸡的市场竞争力

打造多元化的优质五华三黄鸡市场，包括：羽色多元化、体重多元化、品牌多元化、品味多元化、上市日龄多元化、销售方式多元化、加工方式多元化等。在搞好本品种遗传资源保护的基础上要加快开发利用，以开发促保护，达到保用并举，以及促保的目的。要探索市场经济条件下的保护模式，随着市场经济的发展，要发挥本品种的优势资源，参与市场竞争，推广配套养殖技术，改良本品种、培育新品种，提高繁殖率，改善畜禽产品品质，将资源优势转变为生产优势，引导形成以开发促保护的运行机制，形成多元化保护以开发的新局面。

利用果园、林地散养的方式所生产的鸡肉风味好，鸡蛋的蛋黄颜色深、蛋白黏稠，且营养丰富，适合现在的消费需求。功能性禽产品如高硒蛋、高碘蛋、高锌蛋、低胆固醇蛋、富维生素蛋、富不饱和脂肪酸蛋等的开发也是未来家禽业发展的一个热点，除了可以提高产品附加值，增加市场对禽蛋和禽肉的需求外，还可以满足消费者对保健食品的需求，但其生产技术需要进一步完善。②

3.4 充分利用资源，发展五华三黄鸡产品及副产品加工

在整个家禽产业供应链中，家禽养殖只是中间一环，上游产业有种植、化工、医药、饲料加工，下游产业有禽肉禽蛋深加工、流通业等。③ 因此，可以通过借鉴许多国内外的经验及本地加工的传统和优势，例如制作鸡肉快餐、客家盐焗食品，对鸡蛋进行分级和包装处理等，以及大力开发蛋粉、液体蛋等新型蛋制品。同时，综合利用家禽加工中的副产品，如禽血、骨、羽毛、

① 孙建武，吴育发，刘平. 青阳县皖南土鸡品种资源保护和开发利用 [J]. 安徽农学通报，2008，14 (17)：176，240.

② 北京农业杂志编辑部. 家禽业的未来走向 [J]. 北京农业，2005 (6)：29-30.

③ 银梅，王选年，宁红梅，等. 全球化背景下的绿色家禽业发展 [J]. 中国牧业通讯，2009 (13)：16-18.

蛋壳等，不仅能减少对周围环境的污染，还能变废为宝，增加养禽业的综合经济效益。[①] 另外可以结合医药用途，合理利用鸡蛋中的壳膜、蛋壳、某些酶和其他成分，发展高蛋白饮料、蛋黄酱等深加工产品。[②]

3.5 创立优质鸡品牌，开发市场销售途径

在企业的精心培育下，不同企业开发了不同的品牌，例如广西金陵集团的金陵黄鸡、参皇集团的参皇鸡[③]，清远市三源清远鸡养殖有限公司的三源鸡等。随着人们生活水平的提高和消费意识增强，对食品质量的要求越来越高，因此创立优质鸡品牌是市场经济未来的发展趋势。政府部门应以贴标签、授权的形式对品牌创立加以保护，加强对优质鸡育种、供种、生产、加工、销售等各环节的监控管理，做到优质优价，保护优质鸡生产者的积极性，保障消费者权益，形成日益完善的生产机制：生产—市场—专——直销，并形成市场垄断的趋势。因此，保持核心竞争力，形成特色养殖技术，开发市场销售途径，对促进地方养殖业的发展、农业增收、农民致富具有重要意义。

发展五华三黄鸡加工产品：活鸡生产的市场容量已经达到了相对饱和的程度，活鸡远途运输已经受到诸多因素的限制，疾病传播的防疫和运输成本已经成为五华三黄鸡产业发展的最大制约因素，而三黄鸡的熟制品和胴体分割冻品恰恰能克服防疫和运输成本这两个制约因素，使优质鸡产业获得伸展的空间。[④]

4 结 论

本文以五华三黄鸡为研究对象，通过查阅文献、走访和实地调查，对其品种特性和资源现状进行了较为深入的研究、分析，并得出以下结论：

五华县的鸡禽品种有麻鸡、石岐鸡、五华三黄鸡，麻鸡和石岐鸡主要是从外地引进来，而五华三黄鸡的纯种数量逐渐减少，这是由于引进外地鸡禽的冲击和当时的保种意识不强等因素的影响。

经调查分析，五华县养鸡业的现状是：①规模养殖发展迅速，生产效益

---

① 刘文奎. 家禽副产品的开发加工与利用 [J]. 中国家禽，2004，26（15）：31-41.

② 北京农业杂志编辑部. 家禽业的未来走向 [J]. 北京农业，2005（6）：29-30.

③ 韦凤英，陈宽维，束婧婷，等. 广西三黄鸡保护选育和利用研究 [J]. 中国家禽，2011，33（13）：26-29.

④ 罗超柱，陈国武，梁家攀. 玉林三黄鸡的养殖现状及发展对策 [J]. 畜牧市场，2009（7）：75-76.

稳定提高；②良种繁育体系进一步健全和完善，品种改良较快；③动物防疫网络逐步完善，有效地保障了畜牧业生产地持续快速健康发展；④畜牧业基础设施逐步完善，但投资不足，仍需改善。

通过对五华三黄鸡养殖技术的研究可知：五华三黄鸡适应性强，可采用笼养、地面或网平养，既适合庭院小规模饲养，也适合工厂化大面积饲养；在繁殖方面，保种意识弱，五华三黄鸡的繁殖技术主要是自然交配繁殖，生长快，繁殖力强，没有严格的配种季节，只要条件适宜，任何时间都可排卵、产蛋和交配。因此，五华三黄鸡的繁殖潜力很大。饲养管理过程一般分为三个阶段：育雏期，育成期，产蛋期，这三个阶段紧密联系在一起，互相影响。

五华县的畜禽养殖业使农民群众得到了实惠，促进了五华县的经济发展。但五华三黄鸡的养殖业仍存在着亟待改进的问题，如保护体系不完善、资金投入不足，还没有形成科学合理的养殖规模等，五华三黄鸡的养殖业还有很大的发展空间。如果五华县有关部门和广大农民能够切实做大做强五华三黄鸡养殖业，相信五华县的畜禽养殖业将会成为梅州市国民经济的支柱产业，加快实现农民致富奔小康的目标。

五华三黄鸡提纯选育技术及效果分析

黄勋和　钟福生　钟　鸣　陈洁波　翁茁先

摘　要：提纯选育技术是用于研究生物保种育种的一项技术。本次实验主要采用文献查阅、直接观察和实验等研究方法，对五华三黄鸡的提纯选育效果分别从体形外貌、产肉性能、pH 值、系水力、常规生化成分几个方面进行分析，并与 F0 世代比较。结果表明：对已严重杂交的五华三黄鸡提纯选育 3 个世代以后，其体形外貌与五华三黄鸡地方品种标准相接近；经测定，选育第三世代公母鸡屠宰率分别为 92.62% 和 89.62%，升高 3.99% 和 1.91%，全净膛率分别为 64.14% 和 61.94%，升高 1.42% 和 4.01%，符合产肉性能良好的指标；pH 值在 24h 内的变化幅度分别为 0.33 和 0.31，下降 0.19 和 0.34；失水率分别为 13.91% 和 14.93%，下降 1.08% 和 4.68%；熟肉率分别为 65.05% 和 65.30%，升高 22.91% 和 25.49%；滴水损失率分别为 6.53% 和 6.60%，下降 4.21% 和 9.48%；胸肌粗蛋白分别为 24.90% 和 22.53%，升高 4.67% 和 0.67%；粗脂肪分别为 1.49% 和 1.60%，公鸡下降 1.09%，母鸡升高 1.13%；水分分别为 70.47% 和 68.74%，下降 7.48% 和 8.50%。

关键词：提纯选育技术；五华三黄鸡；体形外貌；产肉性能；肉品质

1　前　言

1.1　研究目的及意义

五华三黄鸡主产于广东省五华县的中部和北部，[①] 属小型肉用品种，其肉质细嫩，味道鲜美，营养丰富，在国内外享有较高的声誉，具有体形小、外貌三黄（羽黄、爪黄、喙黄）、生存能力强、产蛋量高、肉质鲜嫩等优良特点。但由于国内外各种肉用商品鸡种的引进，使得五华三黄鸡基因库的优良性受到冲击，品质下降；此外，其缓慢的生长速度和经济收益的滞后性，无

---

① 陈国宏，王克华，王金玉，等．中国禽类遗传资源 [M]．上海：上海科学技术出版社，2004：37，51．

法引起养殖户和政府的重视，使该鸡种长期缺乏系统的保种和提纯，大多自繁自养，出现严重的分离和退化，最后使五华三黄鸡的发展停滞不前。直到2003年，政府才开始注意到五华三黄鸡良好的发展前景，并认识到有必要建立资源保种场，提出保种复壮的计划，开展五华三黄鸡的提纯选育以保存优良基因，防止优良基因的流失。2006年五华三黄鸡被列为《中国禽类遗传资源》中的优良品种之一，梅州人民政府逐渐重视起来，印发了《关于继续实施畜牧品种改良促进畜牧业发展议案（五年）总体实施方案的通知》《梅州市农业局关于加快改造传统农业促进农业增效农民增收工作意见的通知》等。同一品种的三黄鸡经过一段时间的繁育，由于近亲交配的缺陷，就会出现体质、性能、形体的衰退，甚至死亡。采取提纯复壮的方法可以避免近亲繁殖而导致品质退化。提纯是为了某一种系的三黄鸡保持一定的纯度；复壮是达到或超过上一代的一切优点和特征。

在已有研究的基础上，本文对选育过程中的五华三黄鸡部分世代的屠宰性能和肌肉的部分品质进行测定，比较选育过程中五华三黄鸡的屠宰性能和肌肉品质的变化特点，为该鸡种的进一步选育和生产提供参考。

三黄鸡的提纯复壮具有重要的意义：一是改良并保持五华三黄鸡基因库的优良性，保护好物种的多样性，维持生态系统的平衡；二是养殖出肉用性能更好的品种，力图重新确立其在中国市场乃至国外市场的地位，提高三黄鸡的市场竞争力，以获得更高的经济效益，使其更适合市场需求，同时为其开发利用和产业化生产奠定基础；三是保护好五华三黄鸡，从而保持住梅州五华的当地特色，强化地区特色，为五华三黄鸡品种资源保护作出贡献。

1.2 研究进展

人类对动物进行提纯复壮具有悠久的历史，一般采用连续三代近交配种的方法，对动物的外形特征、生长性能、繁殖性能、屠宰性能、肉质、生理生化指标测定等进行研究。但是，提纯复壮技术需要连续研究几个世代，周期较长，在混杂的群体里进行"提纯"，需要做大量的筛选工作。

在我国，提纯复壮技术最常用的流程为：①建立核心群：根据选育性状和体重，选出符合要求的足够数量的对象作为核心群，一般以一公多母建立几十个家系较为适宜。②选育：该过程用家系选育和个体选育相结合的方法，家系评定采用综合指数法，同时结合个体选育，根据体形外貌等质量性状、繁殖性能等数量性状的表现，淘汰不符合要求的个体，选择性状包括特定周龄的体重、开产日龄、产蛋量、蛋重、受精率等，综合指数的计算公式为：

$$I = \sum_{i=1}^{n} \frac{P_i H_i^2 W_i}{\overline{P_i} \sum W_i H_i^2}$$ （n 为选择项目，W_i 为 i 性状的加权值，H_i^2 为 i 性状的遗传

力，P_i 为 i 性状的个体表型值，$\overline{P_i}$ 为 i 性状的群体平均值），将综合指数排在前30%或50%的家系内且个体成绩好的选留，选育一般要经过初选、复选和最终鉴定三个过程，初选和复选主要根据质量性状来选择，最终鉴定根据数量性状来选择。③数据测定：选育期间主要测定各家系的生长性能和繁殖性能等相关数据，并做好统计记录工作。生长性能数据包括初生、4周、8周、90日龄及成年的体重，以及动物的早期生长速度；繁殖性能数据包括开产日龄、蛋重、产蛋数、受精率、孵化率、性成熟日龄等。④检测提纯复壮效果：采用的是微卫星分子标记技术，从琼脂糖凝胶电泳图谱上直接判断出个体的基因型，用 PopGene 软件统计各微卫星基因座的有效等位基因数、观测杂合度、期望杂合度、多态信息含量、遗传相似系数和近交系数等相关参数，从而对提纯复壮效果进行检测。国内对众多动物品种进行了提纯复壮技术的研究，如洪山鸡经过4年四个世代的选育，采用传统的全同胞家系选育法（综合指数选择），逐步去杂提纯，各项生产性能和繁殖性能都有所提高[1]；青海省利用野牦牛对家牦牛提纯复壮，家牦牛的生长速度、繁殖率及产奶量都有所提高，耐受性和适应性也相继提高[2]。另外对肉鸽[3]和猪[4]的研究也日益增多，使得这些动物的优良性状和优势得到保护和维持，获得较大的生产和经济效益。此外，中国农科院家禽所根据传统遗传育种理论，将分子遗传标记技术应用于提纯复壮中，该技术在分子水平上对品种间的群体遗传结构、亲缘关系、遗传变异等进行分析，是度量遗传选育进展的有效方法之一。运用RAPD 技术分析文昌鸡的遗传多样性，第三世代群体平均相似系数为 0.810 3，较 F0 世代的鸡群 0.743 有所提高。[5] 运用 RAPD 分析可基本反映选育群体的遗传结构变异；吴艳等研究员还利用 8 个微卫星座位对洪山鸡的提纯选育效果进行分析，分别计算了群体有效等位基因数、观测杂合度、期望杂合度、

---

① 梁振华，杜金平，皮劲松，等.洪山鸡提纯选育研究 [J].湖北农业科学，2009，48（3）：667 - 670.

② 李茂卓玛.青海省海北州野牦牛提纯复壮家牦牛效果 [J].中国草食动物，2012，32（1）：78 - 80.

③ 泉灿，钱仲仓.肉用种鸽提纯复壮效果观察 [J].浙江畜牧兽医，2011（4）：22 - 23.

④ 俞志成，李文进.特种野猪的价值与提纯复壮的方法 [J].农村科技开发，2002（8）：70.

⑤ 许月英，耿照玉，陈兴勇.文昌鸡的提纯选育及选择作用下基因组 DNA 的 RAPD 比较分析 [J].中国家禽，2004，8（1）：107 - 109.

多态信息含量、遗传相似系数和近交系数等相关参数。[1]

在国外，Soldevila M.、Calafell F.、Helgason A. 等科学家在研究提纯复壮技术时，对基础群的系谱进行分析，从而了解基础群的遗传结构。然后，遵循扩大遗传血统、尽量控制近交增量、提高目标性状的改进速度等基本原则制定留种、选配方案。[2] 在分子遗传标记技术方面，国外通过多态信息含量、近交系数、微卫星标记等来研究生物的遗传相似性。

2　五华三黄鸡提纯选育技术研究

2.1　技术流程

2.1.1　目的性状

五华三黄鸡体质结实，体躯略宽、较深，背部和龙骨平直，尾羽较短而翘起。喙较短、稍弯，呈黄色。单冠，色鲜红。眼中等大小，有神，虹彩橘红色。全身羽毛纯黄色，有的色稍深，尾羽、翼羽有少许杂色或无杂色，但无其他斑点。主翼羽紧贴身躯，腿部羽毛厚而松，呈球状凸出。该鸡种可分无胡须和有胡须两种类型：无胡须者头较小，冠、肉髯、耳叶较厚而大；有胡须者耳较薄而小。皮肤、胫、趾均为黄色。

2.1.2　建立核心群

按目的性状的标准在五华县天成三黄鸡种禽场选留第三代550羽混合雏（♂：50羽，♀：500羽），按1公10母建立50个家系，依照以下要求对其外貌特征、体重、产蛋记录等表型特征进行选育：①外貌特征符合目的性状的标准，体质健壮、结构均匀、发育良好、无畸形；②体重要求，成年公母鸡体重分别在1 050 ± 150.67g 和955 ± 31.95g 范围内；③每对三黄鸡年产蛋量达155个以上。从中复选出符合目标特征且生产性能高的种鸡330羽（♂：30羽，♀：300羽）作为零（已选育的第三代）世代选育核心群，进行纯系选育。

① 吴艳，梁振华，杜金平，等.洪山鸡提纯选育效果的微卫星分子标记分析［J］.华中农业大学学报，2009，28（6）：705 – 709.

② SOLDEVILA M, CALAFELL F, HELGASON A, BERTRANPETIT J, et al. Assessing the signatures of selection in PRNP from polymorphism data: results support Kreitman and Di Rienzo's opinion ［J］. Trends in genetics, TIG, 2005, 21 （7）: 389.

2.1.3 核心群后代的选育

核心群后代做标记，专栏饲养，经过初选、复选和最后鉴定三次选择后才可加入核心群，选择过程如下：

（1）1日龄初选：出雏时，边戴翅号边称重，查证并记录父号、母号。统计各家系受精率、孵化率及健雏率等指标，淘汰毛色等明显不符合品种特征的鸡只及残弱雏，选出合格个体进行称重并记录。

（2）25周龄选种：25周龄个体称重，仔细记录个体翅号和个体重，淘汰不符合目的性状标准且体重达不到1 000g的个体。该时期的选种从质量性状和数量性状两方面入手。羽毛和皮肤黄色、喙短稍弯、冠鲜红、眼中等大小有神是标准的质量性状，凡不符合以上标准的采取直接淘汰的方式处理。对于90日龄体重、开产日龄、平均蛋重、产蛋数等数量性状的选择，采用全同胞家系选育方法，对各家系的数量性状进行成绩排名，将家系综合成绩排在前30%且全同胞成绩好的个体选留。配对时，要求公母鸡同一品种、同一羽色类型，严禁近亲交配。

（3）最后鉴定：50周龄个体称重，做好记录，淘汰不符合目的性状的个体。该阶段继续采用全同胞家系的选育方法，并结合受精率达90%、孵化率达85%等繁殖性能的标准进行选择，凡符合条件者为合格，补入核心群中。

2.1.4 核心群的扩大

第一次选择的核心群三黄鸡只是根据外貌与生理特征结合产蛋孵化情况鉴定优劣。选出来的鸡是否能将它们的优良性状传给下一代，必须观察其后代的生长发育和生产情况。核心群的后代应做好系谱记录，根据后代情况对核心群进行后裔鉴定。把符合选择条件的优良后代加入核心群的同时，要及时将后代品质差的三黄鸡淘汰出核心群，使核心群不断扩大、更新，质量不断提高。

2.2 饲养管理

2.2.1 育雏阶段

五华三黄鸡出壳后的一个月是雏鸡成活的重要阶段，温度条件的控制最为关键，一般采用人工保温饲养，雏鸡出壳第一天的温度要达到33℃，以后每2天降低1℃，降至19℃~21℃时保持恒定，一个月后逐步缩短人工保温时间，直至雏鸡适应脱离人工保温的环境。雏鸡的饲养环境为平地室，放入室内饲养前，需将地面、饮水器和喂料器等用具严格消毒，并在地面铺上垫料，待气味消失后再放鸡。喂养雏鸡前，先让其饮用消毒液清洗肠胃，2h 后换为营养水，最后再让其进食，即采用先饮水后进食的饲养方式。此外，还要注意做好疫病的预防工作，1 日龄接种马立克氏疫苗，8 日龄时接种鸡新城疫 Ⅱ 系苗 + 传支 H120 滴鼻，14 日龄时用法氏囊疫苗 2 倍液饮水，16 日龄时接种禽流感疫苗 H5 亚型。

2.2.2　育成阶段

雏鸡脱温后便进入育成阶段，此阶段采用的是放牧饲养，放牧时间要逐渐延长，给三黄鸡一个适应的过程，直至全天放牧。为加速鸡的快速生长，育成期的鸡应日喂 3 餐，可适当加入些青饲料，提供饮水且记得经常更换。在放牧过程中，做好疫苗注射和定期驱虫措施，50 日龄时进行鸡新城疫 Ⅰ 系苗的免疫注射，同时进行禽出败菌苗的免疫注射，60 日龄和 135 日龄分别进行禽流感疫苗的二免和三免。由于野外放牧环境复杂，因此要每 30 天用驱虫药物给鸡驱虫。

2.2.3　育肥阶段

经过育成阶段的放养后，雏鸡基本上已长成大鸡，进入育肥阶段，此阶段对鸡进行全程关养，饲料方面应减少高蛋白质饲料的用量，增加高能量饲料的用量并适当喂些青饲料，每天下午将鸡放出运动 3h 左右。

3　五华三黄鸡提纯选育效果

3.1　材料与方法

3.1.1　实验鸡群

按目的性状的标准在五华天成三黄鸡种禽场选留 550 羽混合雏群（♂：50 羽，♀：500 羽）为实验材料。

3.1.2　测定项目

选育期间主要测定五华三黄鸡各家系的生长发育情况，加以辅助测定产肉性能、理化特性、常量生化成分测定，并做好统计记录的相关工作，包括：①体尺测量数据测定体斜长、胸宽、胸深、龙骨长、胫长；②产肉性能数据测定活重、屠体重、半净膛重、全净膛重、腹脂重、胸肌重、腿肌重；③理化特性数据测定 pH 值、失水率、熟肉率、滴水损失率；④常量生化成分数据测定粗蛋白、粗脂肪、水分。

3.1.3　实验操作

3.1.3.1　外形观察

选取五华三黄鸡成年公鸡 100 只、成年母鸡 15 只，用肉眼观察其体质、体躯、尾羽、翼羽、喙、胡须、皮肤、胫、趾等部位。

3.1.3.2　体尺测量

用标尺对五华三黄鸡进行体尺的测量，测量的各项指标有：体斜长、胸宽、胸深、龙骨长、胫长。

①体斜长：肩关节到坐骨结节的体表距离。

②胸宽：两肩关节之间的体表距离。

③胸深：指胸区部位背面与腹部之间的体表距离。

④胸骨长（龙骨长）：龙骨突到龙骨末端的距离。

⑤胫长：跗骨关节到第三趾与第四趾的垂直距离。

3.1.3.3　产肉性能的测定

产肉性能的好坏是由多个指标共同决定的，在这些相关指标中，起主要作用的是屠宰率和全净膛率。产肉性能的高低直接影响着三黄鸡的经济效益，对其一般采用屠宰测定。本实验用电子秤对四只母鸡和两只公鸡的产肉性能各项指标进行称量，并通过相关公式进行计算，根据所得数据对三黄鸡的产肉性能进行评价。有关产肉性能的指标主要包括：

①活重：屠宰前绝食 12h 后的体重，以克为单位记录。

②屠体重：放血去羽毛后的重量，用湿拔羽毛法要沥干后才称重。

③半净膛重：屠体去除气管、食道、嗉囊、肠、脾、胰、胆和生殖器官、肌胃内容物及角质膜后的重量。

④全净膛重：半净膛后去心、肝、腺胃、肌胃、脂肪及头、脚的重量。去头时，在第一颈椎骨与头部交界处连皮切开；去脚时，沿跗关节处切开。

⑤腹脂重：指剥离的腹部脂肪和肌胃周围脂肪的重量。

⑥胸肌重（左侧）：沿胸骨崤中线切开皮肤，将左侧胸肌（包括胸大肌、胸小肌和第三胸肌）从胸骨上剥离出来，称胸肌重。

⑦腿肌重（左侧）：在鸡的背部以最后一节胸椎为起点，向后沿腰荐中线切开皮肤，至尾椎基部绕尾椎切开皮肤，向两侧与荐中线垂直（腿肌前缘）向腹部切开皮肤，然后在胸腹与大腿之间的皮肤中线处切开，直达耻骨端，

用力使髋关节脱臼，就可以完整取出腿部。将大、小腿肌肉剥离，称腿肌重。

公式：

$$屠宰率（\%）= \frac{屠体重}{活重} \times 100\%$$

$$半净膛率（\%）= \frac{半净膛重}{活重} \times 100\%$$

$$全净膛率（\%）= \frac{全净膛重}{活重} \times 100\%$$

$$腹脂率（\%）= \frac{腹脂重}{全净膛率} \times 100\%$$

$$胸肌率（\%）= \frac{胸肌重}{全净膛率} \times 100\%$$

$$腿肌率（\%）= \frac{腿肌重}{全净膛率} \times 100\%$$

3.1.3.4 理化特性的测定

理化特性的指标主要包括：

①pH 值：取部分肉色测定中提取的上清液，用 pH 酸度计测定 pH_1 值。另取于 4℃冰箱保存 24h 后的胸肌肉按肉色测定的方法制取上清液，用 pH 酸度计测定 pH_{24} 值（终点 pH 值）。

②失水率：屠宰后 30min，取胸肌 3g 左右（W_1），分析天平称质量后，置于上下各 18 层滤纸中，钢环压缩仪加压至 35kg（需寻找替代品），持续 10min，称取加压后的肉样量（W_2），用下列公式计算失水率：

$$失水率（\%）= \frac{W_1 - W_2}{W_1} \times 100\%$$

③熟肉率：取胸肌 10g（W_1），称其实际的重量，并标上标号牌。先将肉样放入铝锅中，放在 2 000W 的电炉上水煮 45min 后捞出挂凉，15min 后称熟肉重（W_2），计算熟肉率。计算公式：

$$熟肉率（\%）= \frac{W_1 - W_2}{W_1} \times 100\%$$

④滴水损失率：取胸肌 3g（W_1），置于铁丝网上（用药筛替代）。在样品

上覆盖塑料膜，放在冰箱中4℃恒温放置24h，再称量（W_2）。称量2次取平均值。计算公式：

$$滴水损失率（\%）= \frac{W_1 - W_2}{W_1} \times 100\%$$

3.1.3.5　常量生化成分测定

利用索式抽提法、凯式定氮法和直接干燥法对鸡的胸肌中的粗脂肪、粗蛋白和水分进行测定。

（1）索氏抽提法：仪器包括索氏提取器（如图1所示）、电热恒温鼓风干燥箱、干燥器、恒温水浴箱；试剂是石油醚。操作步骤如下：

①清洗索氏提取器：将索氏提取器各部位充分洗涤并用蒸馏水清洗后烘干。脂肪烧瓶在103 ± 2℃的电热恒温鼓风干燥箱内干燥至恒重（前后两次称量差不超过2mg），记录为m_0。

②称样、干燥：取做水分测定时剪碎混匀置于密闭玻璃容器内贴好标签待用的腿肌肉、胸肌肉样品5g左右，记为m，按编号置于瓷坩埚中（每只鸡腿肌肉、胸肌肉各测3个平行样），放入105 ± 2℃的烘箱中干燥2h，移至干燥器中冷却至室温。将干燥好的试样用干净的研钵研细，全部移入干燥好的滤纸筒内，用沾有石油醚的脱脂棉擦净瓷坩埚与研钵，一并放入滤纸筒内，滤纸筒上方塞添少量脱脂棉。

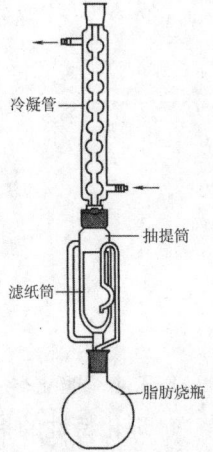

图1　索氏提取器

③抽取：将装有试样的滤纸筒放入索氏提取器的抽提筒内，连接已干燥至恒重的脂肪烧瓶，注入石油醚至虹吸管高度以上。待石油醚流净后，再加石油醚至虹吸管高度的1/3处。连接回流冷凝管，将脂肪烧瓶放在水浴箱上加热，用一小团脱脂棉轻轻塞入冷凝管上口。水浴温度应控制在使提取液在每6~8min回流一次为宜。抽提时间视试样中粗脂肪含量而定，肉制品一般提取6~12h，提取结束时，用毛玻璃板接取一滴提取液，如无油斑则表明提取完毕。

④烘干、称量：提取完毕取下滤纸筒，回收石油醚。待烧瓶内乙醚仅剩下1~2mL时，在水浴箱上赶尽残留的石油醚，于95℃~105℃下干燥2h后，置于干燥器中冷却至室温，称量。继续干燥30min后冷却称量，反复干燥至恒重（前后两次称量差不超过2mg），记为m_1。

食品中的粗脂肪含量以质量百分率表示，计算公式：

$$x(\%) = \frac{m_1 - m_0}{m} \times 100\%$$

x：样品中粗脂肪的质量分数（%）；

m：样品的质量（g）；

m_0：脂肪烧瓶的质量（g）；

m_1：脂肪和脂肪烧瓶的质量（g）。

（2）凯式定氮法：使用凯氏定氮仪（如图2）。

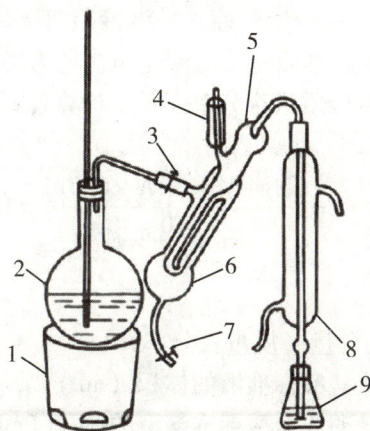

图2　定氮蒸馏装置

注：1. 电炉；2. 水蒸气发生器（2L烧瓶）；3. 螺旋夹；4. 小玻杯及棒状玻塞；5. 反应室；6. 反应室外层；7. 橡皮管及螺旋夹；8. 冷凝管；9. 蒸馏液接收瓶。

试剂有硫酸铜、硫酸钾、硫酸、2%硼酸溶液、混合指示液（1份0.1%甲基红乙醇溶液与5份0.1%溴甲酚绿乙醇溶液临用时混合）、40%氢氧化钠溶液、0.05mol/L盐酸标准溶液（所有试剂均用不含氨的蒸馏水配制）。操作步骤如下：

①样品处理：取做水分测定时剪碎混匀置于密闭玻璃容器内贴好标签待用的腿肌肉、胸肌肉样品，精密称取1g左右移入干燥的消化管中（每只鸡腿肌肉、胸肌肉各测3个平行样），加入0.2g硫酸铜、6g硫酸钾及20mL硫酸，置于消化炉上400℃消化半小时。取下放冷，将消化液移入100mL容量瓶中，并用少量蒸馏水清洗消化管，洗液并入容量瓶中，再加蒸馏水至刻度，混匀备用。取与处理样品相同量的硫酸铜、硫酸钾、浓硫酸，用同一方法做试剂

135

空白试验。

②测定：按图2装好定氮蒸馏装置，向水蒸气发生器内装水至2/3处，加入数粒玻璃珠，加甲基红乙醇溶液数滴及数毫升硫酸，以保持水呈酸性，加热煮沸水蒸气发生器内的水并保持沸腾。

③向接收瓶内加入20mL 2%硼酸溶液及混合指示液2~3滴，并使冷凝管的下端插入液面下，准确吸取10mL消化液由小玻杯注入反应室，用10mL蒸馏水洗涤小玻杯并使之流入反应室内，随后塞紧棒状玻塞。将10mL 40%氢氧化钠溶液倒入小玻杯，提起玻塞使其缓缓流入反应室，立即将玻塞盖紧，并加水于小玻杯以防漏气。夹紧螺旋夹，开始蒸馏，蒸汽通入反应室时使氨通过冷凝管进入接收瓶内。蒸馏10min后移动蒸馏液接收瓶，液面离开冷凝管下端，再蒸馏1min。然后用少量蒸馏水冲洗冷凝管下端外部，取下蒸馏液接收瓶。以0.05mol/L盐酸标准滴定溶液滴定至灰色为终点。同时作试剂空白。

食品中的粗蛋白含量以质量百分率表示，计算公式：

$$X（\%）=\frac{(V_1-V_2)\times N\times0.014}{m\times\frac{10}{100}\times F}\times100\%$$

X：样品中蛋白质的含量（质量百分率）（%）；

V_1：样品消耗硫酸或盐酸标准液的体积（mL）；

V_2：试剂空白消耗硫酸或盐酸标准溶液的体积（mL）；

N：硫酸或盐酸标准溶液的当量浓度；

0.014：$1N$硫酸或盐酸标准溶液1mL相当于消化液中氮的克数；

m：样品的质量（体积）[g（mL）]；

F：氮换算为蛋白质的系数。蛋白质中的氮含量一般为15%~17.6%，按16%计算乘以6.25即为蛋白质，乳制品为6.38，面粉为5.70，玉米、高粱为6.24，花生为5.46，米为5.95，大豆及其制品为5.71，肉与肉制品为6.25，大麦、小米、燕麦、裸麦为5.83，芝麻、向日葵为5.30。

（3）直接干燥法操作步骤如下：

①瓷坩埚的烘烤：将洁净的瓷坩埚连同锅盖，置于105℃干燥箱中，加热1h，取出盖好，置干燥器内冷却0.5h，称量，并重复干燥至前后两次质量差不超过2mg，即为恒重，置于干燥器内贴好标签待用。

②取样：取每只鸡的腿肌肉、胸肌肉去除不可食部分，分别用干净的剪刀剪碎混合均匀置于密闭玻璃容器内贴好标签待用。

③测定：按编号称取约5g试样，精确至0.001g，于相对应的瓷坩埚中

（每只鸡腿肌肉、胸肌肉各测 3 个平行样），置于 105℃ 的干燥箱内（锅盖斜放在锅边），加热 2 ~ 4h，加盖取出。在干燥器内冷却 0.5h，称量。再置于 105℃ 的干燥箱内加热 1h，加盖取出。在干燥器内冷却 0.5h，称量。重复加热 1h 的操作，直至连续两次称量差不超过 0.002g，即为恒重。以最小称量为准。

食品中的水分含量以质量百分率表示，计算公式：

$$x_1(\%) = \frac{m_1 - m_2}{m} \times 100\%$$

x_1：食品中水分含量（质量百分率）（%）；

m_1：试样和瓷坩埚烘烤前的质量（g）；

m_2：试样和瓷坩埚烘烤后的质量（g）；

m：试样的质量（g）。

水分含量 ≥ 1/100 时，计算结果保留三位有效数字；水分含量 < 1/100 时，结果保留两位有效数字。

3.1.4 数据处理方法

所有数据均用 Excel 建立数据库，采用 SPSS 17.0 软件进行统计分析，计算各性状的平均数和标准差，数据均以平均值 ± 标准差（Means ± SD）表示。

3.2 结果与分析

3.2.1 外形特征

3.2.1.1 体形外貌

五华三黄鸡（见图 3、图 4、图 5）体质结实，体躯略宽、较深，背部和龙骨平直，尾羽较短而翘起。喙较短、稍弯，呈黄色。单冠，色鲜红。眼中等大小，有神，虹彩橘红色。全身羽毛纯黄色，尾羽、翼羽有的色稍深，但无其他斑点，这是其与其他三黄鸡的显著区别。多年的养殖下母鸡羽毛颜色会变淡，而公鸡颜色会加深。

图 3 原种五华三黄鸡

主翼羽紧贴身躯,腿部羽毛厚而松,呈球状凸出。该鸡种可分无胡须和有胡
须两种类型:无胡须者头较小,冠、肉髯、耳叶较厚而大;有胡须者耳较薄
而小。皮肤、胫、趾均为黄色。属小型肉用品种。

<table>
<tr><td>图4 选育的第三代五华三黄鸡种鸡</td><td>图5 选育的第五代五华三黄鸡种鸡</td></tr>
</table>

3.2.1.2 体形的变化

经过连续三个世代的选育,三黄鸡的体重和体形变化见表1。可以看出,
同一世代公鸡的体重、体斜长、胸宽、胸深、龙骨长和胫长均大于母鸡,说
明公鸡的体形比母鸡大;与零世代相比,第三世代的公母鸡的体尺性状均得
到了显著的提高,且公鸡提高的幅度比母鸡的大,说明经提纯选育后,三黄
鸡的骨骼发育程度得到提高,体尺得到改善,且公鸡的改善效果比母鸡更
明显。

表1 五华三黄鸡的体尺变化

世代	性别	体重(g)	体斜长(cm)	胸宽(cm)	胸深(cm)	龙骨长(cm)	胫长(cm)
0	♂	1 050 ±150. 67	18. 20 ±0. 47	6. 28 ±0. 40	9. 63 ±0. 63	8. 44 ±0. 26	7. 76 ±0. 71
	♀	865. 00 ±128. 71	16. 28 ±1. 95	6. 09 ±0. 35	8. 51 ±1. 49	7. 80 ±0. 46	7. 69 ±0. 68
3	♂	1 337. 50 ±130. 81	19. 19 ±0. 76	6. 92 ±0. 70	10. 58 ±0. 46	9. 00 ±0. 54	9. 93 ±0. 25
	♀	955 ±31. 95	18. 18 ±0. 40	6. 15 ±0. 34	9. 63 ±0. 62	9. 53 ±0. 47	7. 75 ±0. 42

3.2.2 产肉性能

由表2可以看出:五华三黄鸡产肉性能的各项相关指标均呈现较高水平,
其中屠宰率高于80%,全净膛率高达60%,符合良好的产肉性能所具备的要

求；除了腹脂率外，同一世代的公鸡其他产肉性能指标均比母鸡高，从中可看出母鸡的脂肪含量较高；与零世代相比，第三世代的公母鸡产肉性能各项指标均得到提高，其中公鸡的提高效果更显著。

表 2　五华三黄鸡的产肉性能

单位：%

世代	性别	屠宰率	半净膛率	全净膛率	腹脂率	胸肌率	腿肌率
0	♂	88.63±1.19	76.19±2.43	62.72±1.92	0.44±0.11	12.94±0.39	10.74±0.09
	♀	90.71±0.91	72.12±2.03	57.93±2.70	0.55±0.07	12.43±0.59	10.27±0.38
3	♂	89.62±2.89	82.76±2.74	64.14±0.28	0.80±0.98	17.93±1.66	20.67±0.96
	♀	92.62±0.63	77.74±2.53	61.94±1.73	0.85±1.22	12.77±3.84	15.61±5.90

3.2.3　不同世代的肉质比较

此次实验肉质测定分为三个项目，pH 值测定、系水力测定、胸肌常规生化成分测定（水分、粗脂肪、粗蛋白）。

3.2.3.1　pH 值的比较

三黄鸡不同世代的 pH 值变化见表 3。由表可见，零世代的三黄鸡 pH 值在不同时间的差异极显著，第三世代的则差异不显著。这两个世代经过屠宰 24h 后，pH 值均下降，且第三世代的下降幅度比零世代的小。数值变化幅度在 5.43～5.84（成熟阶段）。

表 3　不同世代五华三黄鸡的 pH 值比较

世代	性别	pH_1	pH_{24}
0	♂	5.95±0.63[A]	5.43±0.11[B]
	♀	6.25±0.59[A]	5.60±0.05[B]
3	♂	6.14±0.35	5.81±0.38
	♀	6.15±0.33	5.84±0.38

注：同一列不同小写字母之间表示差异显著（$p<0.05$），不同大写字母之间表示差异极显著（$P<0.01$），不标任何字母表示差异未达显著水平，下同。

3.2.3.2　系水力的比较

五华三黄鸡不同世代的系水力比较如表 4 所示。由表可知，在同一世代中，公鸡的失水率和滴水损失率均比母鸡的低，熟肉率比母鸡的高；零世代的失水率在10%～20%、熟肉率在40%左右、滴水损失率在10%～20%，第三世代的五华三黄鸡失水率在10%～15%、熟肉率在65%左右、滴水损失率在6%～7%，可见经过三个世代的选育，五华三黄鸡的失水率和滴水损失率下降，熟肉率升高。从总体上看，失水率和滴水损失率的数值较低，熟肉率数值较高。

表4 不同世代五华三黄鸡的系水力比较

单位:%

世代	性别	失水率	熟肉率	滴水损失率
0	♂	14.99 ± 0.78	42.14 ± 1.61	10.74 ± 1.89
	♀	19.61 ± 1.84	39.81 ± 4.39	16.08 ± 2.47
3	♂	13.91 ± 1.52	65.05 ± 2.75	6.53 ± 0.68
	♀	14.93 ± 0.67	65.30 ± 2.14	6.60 ± 0.25

3.2.3.3 肌肉（胸肌）常规生化成分的比较

五华三黄鸡不同世代的常规生化成分比较如表5所示。零世代的粗蛋白呈显著差异，水分呈极显著差异，粗脂肪则差异不显著，第三世代公鸡的粗蛋白和水分大于母鸡，母鸡的粗脂肪极显著大于公鸡；经过三个世代的选育，五华三黄鸡中母鸡的粗蛋白、粗脂肪提高，水分降低，而公鸡的粗蛋白提高，粗脂肪和水分呈现下降趋势。

表5 不同世代五华三黄鸡的常规生化成分比较

单位:%

世代	性别	粗蛋白	粗脂肪	水分
0	♂	20.23 ± 0.89^{b}	2.58 ± 0.71	77.95 ± 0.18^{A}
	♀	21.86 ± 1.40^{a}	0.47 ± 0.07	77.24 ± 0.27^{B}
3	♂	24.90 ± 0.66^{A}	1.49 ± 0.15^{B}	70.47 ± 2.05^{a}
	♀	22.53 ± 1.59^{B}	1.60 ± 0.32^{A}	68.74 ± 4.06^{b}

3.3　讨　论

3.3.1　提纯复壮对五华三黄鸡体形变化的影响

　　骨骼组成了禽类身体的框架，生产性能的高低在一定程度上取决于骨骼的发育程度。[①] 体尺是反映机体发育程度的重要指标之一，受遗传、年龄、性别、营养水平等因素的影响，由试验结果可知，公鸡的体尺性状均大于母鸡，这反映出公母鸡生长发育的差异。其次，还可看出五华三黄鸡经过三个世代的选育，其体重和各项体尺指标均得到一定程度的提高，反映了鸡体形外貌的协调一致性，但数值比盛昌树[②]的实验结果低，离五华鸡的地方品种标准也有一定差距，因此，从体尺上看，该提纯复壮技术还需继续改进，可通过改善鸡的营养水平出发。

　　体重、体尺性状均是可外观的性状，用体重、体尺与其他不能直观测定的性状进行相关分析，看是否有一定的相关规律，可从外观指数推断不能直观的性状，从而选择优秀的个体进行生产和繁殖。[③] 因而家禽的体重、体尺作为表型性状并利用性状间的相关性进行某些限性性状或晚熟性状的间接或早期选择，已成为家禽育种的重要手段。[④] 但该实验并未对体尺和体重进行表型相关性的分析，无法提供更科学、更具说服力的依据，这是需要改进的。

3.3.2　提纯复壮对五华三黄鸡产肉性能的影响

　　一般认为屠宰率和全净膛率是衡量鸡只产肉性能的主要指标，屠宰率在80%以上、全净膛率在60%以上，被认为是产肉性能良好的标志。[⑤] 试验测得五华三黄鸡提纯复壮后公鸡的屠宰率和全净膛率的平均值分别高达92.62%和64.14%，母鸡则分别高达89.62%和61.94%，表明五华三黄鸡这一地方鸡种产肉性能良好。在屠宰率、全净膛率、胸肌率、腿肌率和腹脂率上，公鸡与母鸡有差异，这与公母鸡体内激素的种类、水平及代谢方式的不同有关。在产肉性能的各项指标中，可看出母鸡腹脂率高于公鸡，表明母鸡的脂肪沉

---

　　① 叶莉. 胫长标准在蛋用后备鸡生产中的应用 [J]. 中国家禽，1996 (10)：7.

　　② 盛昌树. 五华鸡提纯复壮选育 [J]. 现代农业科技，2010 (14)：295 - 296.

　　③ 徐嘉怡，王德成，杨曦. 快慢羽品系贵妃鸡体尺性状及屠宰性能的比较分析 [J]. 广东畜牧兽医科技，2011 (3)：18 - 20.

　　④ 吴春琴，张静，沈军达，等. 灵昆鸡体尺与屠宰性能的相关性分析 [J]. 中国家禽，2008，30 (18)：44 - 45.

　　⑤ 贾汝敏，姚晶宁，黄毓青，等. 海大香鸡不同品系屠宰性能与肉质性状的比较 [C] //家禽研究最新进展——第十一次全国家禽学术讨论会论文集. 2003：158 - 160.

积能力要高于公鸡，即性别对腹脂的沉积有影响，除此之外，还可能与母鸡活动量小，能量消耗少，导致脂肪易堆积有关。除腹脂率外，公鸡其他指标均高于母鸡，这说明公鸡的生长能力比母鸡好，屠宰性能高于母鸡。

3.3.3 提纯复壮对五华三黄鸡肉质的影响

3.3.3.1 pH 值

pH 值不仅是肌肉酸度的直观表现，而且对肌肉品质有重要的影响，并成为肉质测定的最重要的指标之一。一般而言，pH 值与肌肉的系水力呈正相关关系，即 pH 值越高，肌肉系水力越强，保鲜期越长，肉质更加柔嫩多汁，风味增强、香味浓郁。一般肌肉的 pH 值呈中性略偏酸性，pH 值为 7.1 ~ 7.3，畜体屠宰后，要经过尸僵—成熟—自溶—腐败等一系列变化过程，这个变化过程中，pH 值也随着发生了变化。屠宰后，畜体首先进入尸僵阶段，尸僵阶段的 pH 值变化可分为两个阶段，第一阶段 pH 值降至 6.0 ~ 6.2，第二阶段降至 5.2 ~ 5.5，此过程需 3 ~ 4h。尔后，随着时间推移，僵直状态逐渐解除，进入成熟阶段，pH 值逐渐回升至 5.7 ~ 5.8，该过程需在低温下进行，需 1 ~ 2d。pH 值的升高，提高了系水力，此时食用、加工性能均最佳。其后的自溶和腐败阶段，pH 值提高到 6.0 ~ 7.0，此时的肉已腐败，不能作为食用和加工的原料。该实验测的是屠宰 1h 和 24h 后肌肉的 pH 值，实验数据显示，1h 后肌肉的 pH 平均值为 6.12 左右，24h 后则为 5.67 左右，符合前面所述的理论，分别处于尸僵时期的第一阶段和成熟时期。24h 后 pH 值的下降，主要是因为屠宰后，肌肉仍然进行着新陈代谢，糖原在缺氧条件下酵解，生成乳酸引起的。比较两个世代的数据，不难发现，通过三个世代的选育，24h 后 pH 值下降的幅度减少，说明五华三黄鸡经过提纯复壮后，保鲜期得到延长，这无疑对其提高市场竞争力具有很大的作用。

3.3.3.2 系水力

肌肉系水力是一项重要的肉质性状指标，肉的保水性能用肌肉系水力来衡量。系水力是指肌肉组织保持水分的能力，它直接影响肉的滋味、多汁性、嫩度、色泽、营养成分及香气等食用品质，具有重要的经济价值。[①] 与系水力相关的指标有失水率、熟肉率、滴水损失率三个指标。[②] 失水率会影响肌肉的滋味、香气、营养成分、多汁性、嫩度、色泽等品质，是一项重要的肉质性

---

① 杜改梅，刘茂军，蒋加进，等. 中草药饲料添加剂对三黄肉鸡生产性能和肉品质的影响 [J]. 江苏农业学报，2010，26 (1)：126 – 129.

② 席鹏彬，蒋宗勇，林映才，等. 鸡肉肉质评定方法研究进展 [J]. 动物营养学报，2006 (18)：347 – 352.

状指标。肌肉的贮藏损失又叫滴水损失，是在不施加其他外力而只受重力作用下，肌肉蛋白质系统在测定时的液体损失量。滴水损失率越大，系水力越小，反之，滴水损失率越小，系水力越大。这可能与肌原纤维的状态有关，肌纤维越松弛，肌原纤维中所含水分越多，滴水损失率越大，系水力越低。烹饪损失与肌肉的熟肉率呈负相关，即熟肉率越高，烹饪损失越小，则在烹饪过程中营养物质和风味物质挥发就较少。在本次实验中，经过三个世代的提纯复壮，鸡的失水率由 10%～20% 下降到 10%～15%，滴水损失率由 10%～20% 下降到 6%～7%，熟肉率由 40% 左右上升到 65% 左右。失水率和滴水损失率的降低，熟肉率的升高，说明五华三黄鸡的肌肉保持水分的能力增强，烹饪过程中的营养物质和风味物质挥发也更少，这就使得鸡肉的滋味、香气、营养成分、汁液等更多，也相应地提高了鸡肉的食用价值。

3.3.3.3　常规生化成分

肌肉的常规生化成分指标一般包括粗蛋白、粗脂肪、水分等。蛋白质含量越高说明肉的营养物质含量越多，营养越丰富。肌间脂肪的含量与肌肉品质的关系较密切，肉品中脂肪的多少直接影响到肉的多汁性和嫩度。一般情况下，肌间脂肪含量越高，所含挥发性物质越多，加工过程中的损失就越大。肉品中的水分含量及其持水性直接关系到肉及肉制品的组织状态，一般来说，含水量低则肌肉中的干物质含量高，蛋白质含量也偏高，则营养价值较高。[①]从实验结果可以看出，提纯复壮后的五华三黄鸡蛋白质含量提高，水分含量减少，说明鸡肉的营养物质更多、更丰富。从理论上来讲，经过提纯复壮后，鸡的粗脂肪应该会降低，才有利于减少营养物质的流失，但实验数据却显示母鸡的粗脂肪含量提高，这可能与实验操作过程中存在误差有关。

4　结　论

通过对实验数据的整理和分析，笔者发现经过三代的提纯复壮技术培育后，五华三黄鸡的体形外貌、产肉性能、系水力、常规生化成分有如下特点：

（1）本实验利用的提纯选育技术采用的是全同胞家系选育，经 1 日龄初选、25 周龄复选及最后鉴定三次选择进行选育，以实现五华三黄鸡的提纯选育。

（2）外貌越来越接近于目的性状，公鸡的生长发育优于母鸡；体尺各性状得到协调一致的改善。

---

① 张吉昆. 北京鸭、大余麻鸭和绿头野鸭肉质的比较研究 [J]. 江西畜牧兽医杂志, 1993 (1)：20－23.

（3）屠宰率和全净膛率的提高表明了五华三黄鸡的产肉性能有所增强，且增强幅度较理想，公鸡的产肉性能比母鸡的好；母鸡堆积脂肪的能力比公鸡要强。

（4）24h 内鸡肉的 pH 值下降幅度减小，表明鸡肉的保鲜力增强；失水率和滴水损失率的下降，表明鸡肉的系水力提高，保水性增强；熟肉率的升高，表明鸡肉在烹饪过程中营养物质和风味物质的损失减少；五华三黄鸡粗蛋白含量提高，水分含量减少，说明鸡肉的营养物质更多、更丰富了；公鸡粗脂肪的减少说明其保住营养物质的能力增强了，母鸡粗脂肪的增加可能是由于实验操作过程中的误差导致的。

综上所述，五华三黄鸡经过提纯复壮选育技术培育后，外貌越来越符合地方品种的标准，生长发育更良好，产肉性能和系水力增强，营养物质更多且损失更少。这些结果说明五华三黄鸡的提纯复壮取得了一定的进展，使得五华三黄鸡的市场竞争力提高，能为当地带来更大的经济效益。

附 录

五华三黄鸡种鸡场生产技术规范

1 总 则

本规范制定了集约化种鸡场的来源、选种、繁殖、饲养管理、卫生保健等技术要求。本规范适用于五华三黄鸡种鸡场。

2 选种技术

2.1 种鸡来源

配套鸡种应来自获取种畜禽生产经营许可证的上一代种鸡场，即父母代鸡应从祖代鸡场引进，祖代鸡应从曾祖代鸡场（原种场）引种。种鸡应健康无病、生产性能应符合品种要求。开展系统选育，培育新的品系。

2.2 种鸡的选择

选择时间，可分雏鸡（出壳 24 小时内）、中鸡（8～10 周龄）、成鸡（18～20 周龄）三个阶段分别进行。出壳鸡应活泼健壮，卵黄吸收良好，肤色和绒色符合品种要求；中鸡应羽毛丰满，健康活泼，体形、羽色、胫大小颜色等应符合品种要求，产蛋前两次鸡白痢检查应为阴性；成年鸡应躯体匀称，冠脸红润，眼有神，健康无病，体形、羽色、胫大小颜色等应符合品种要求。称重，每次选种时先抽样称重，然后在外貌选拔基础上选留体重在平均体重 ±10% 范围内的个体作种用。

2.3 种鸡编号

编号内容：应包括年度、品种、品系或家系的代号和号数。出壳鸡的翅号应于绒羽干后，戴在右侧尺骨与桡骨前侧膜上。成年种鸡的脚号，戴在左胫上，肩号戴在右肩上。

3 繁殖技术

3.1 配种方法

3.1.1 自然配种

公母比例为 1：10～12。

3.1.2 人工授精

每隔 3～4 天输精一次，每次输精量为 0.02～0.03 毫升原精/只，输精时间为下午 3：00～5：00，从采精到输精的过程在半小时内完成。公母比例为 1：20～40。

3.2 种鸡利用产蛋年限

祖代鸡 1～2 年，父母代为 1 年。

3.3 种蛋选择、保管及消毒

3.3.1 种蛋选择

种蛋应来源于生产性能好，无蛋源性传染病的健康种鸡群。开产后 3～4 周可选留入孵种蛋，要求蛋重、壳色符合品种要求，蛋形正常，壳厚薄适中，表面清洁。

3.3.2 种蛋保存

种蛋保存的最适温度一周以内使用的为 15℃～16℃，一周以上至两周内使用的为 12℃；相对湿度为 70%～80%；保存期间保持大头向上，每天至少翻蛋 1 次。

3.3.3 种蛋消毒

分别于收集种蛋时和入孵前进行种蛋消毒。对刚收集的种蛋采用熏蒸法，将种蛋放入密闭室（或箱）内，用1×福尔马林和高锰酸钾熏蒸半小时；对入孵前的种蛋可采用喷雾法或浸泡法，用0.02%的新洁尔灭水溶液喷洒蛋表面或浸泡0.5~1分钟。

3.4 机器孵化

3.4.1 入孵前的准备

入孵前应对孵化机的每个系统进行逐一检查，校正各机件的性能，并试机1~2天，一切正常方可入孵；同时将所有设备和用具彻底冲洗干净，然后用新洁尔灭溶液擦拭，再用福尔马林和高锰酸钾熏蒸消毒，方法同3.3.3。

3.4.2 孵化条件

（1）温度：1~18天37.8℃、19~21天37.3℃~37.5℃。

（2）湿度：1~13天55%~60%、14~21天65%~70%。

（3）通风：可通过调节通气孔大小来调节通风量，前期要求通风量较小，第5天以后逐渐增加通风量。

（4）翻蛋：1~13天每2小时翻蛋1次，转蛋角度为45°，14天以后停止翻蛋。

3.4.3 照 蛋

第一次在第5天进行，第二次在第18天进行，每次将无精蛋、死胎蛋剔除。

3.4.4 落 盘

第18天照蛋后进行。

3.4.5 拣 雏

每隔3小时拣一次。

4 饲养管理技术

4.1 育雏阶段的饲养管理（0～6周龄）

4.1.1 育雏前的准备

（1）房舍及设施的准备：根据育雏数量准备相应的育雏舍、保温、供水供料设备、垫料等，并进行全面检查和维修。

（2）清洁和消毒：接雏前1～2周育雏舍及所有设备用具彻底冲洗干净后，用2%烧碱（或其他消毒药）喷雾或浸泡消毒，然后将所有用具和设备、垫料放入育雏舍内，用3%福尔马林和高锰酸钾密闭熏蒸24小时。

4.1.2 育雏的基本条件

（1）温度和湿度：育雏第一周的育雏温度为32℃～34℃，以后每周下降1℃～2℃；相对湿度以55%～70%为宜。

（2）饲养密度、水位和料位：第1周的饲养密度为50～60只/平方米，以后每周减少5～10只/平方米；水位和料位以每次加料添水时，90%以上的鸡均有采食和饮水位置为宜。

（3）光照：出壳3天内可采用24小时弱光照（3～4W/平方米），以后逐步取消人工光照，只用自然光照。

（4）通风：以保证空气清新，无恶臭或有害气体为原则。必须勤清粪，勤换垫料，打开门窗。

4.1.3 营养和饲喂

（1）营养需要（见"五华三黄鸡种鸡的营养需要量表"）。

（2）每只鸡每天耗料量：根据营养需要和雏鸡生长发育特点，适时添加饲料。

（3）水质要求：水源符合人饮用水标准。

4.1.4 育雏阶段的管理

（1）育雏温度要相对稳定，避免忽高忽低，每天要根据鸡群活动状态准确判断并作适当调整。鸡群均匀分布、安静、睡眠时伸颈舒腿说明温度适宜，拥挤打堆蜷缩则说明温度过低，应通过封好门窗加厚垫料、增加热源等措施提高温度；鸡群远离热源张口喘气则说明温度过高，应采取相应措施。

（2）严格按防疫制度做好疾病防治工作（按第 5 章执行）。

（3）饲喂：宜少量多餐，饮水要充足，保证足够位置。

（4）尽量避免应激因素：操作时动作要轻巧，避免噪音等惊扰，避免恶劣环境的侵袭等。

4.2 育成鸡（7～24 周龄）的饲养管理

4.2.1 鸡　舍

可平养或笼养，笼养可提高饲养水平和管理定额，是发展方向。

4.2.2 饲养密度

网上平养时每平方米 10～12 只，在育成期的前几周每平方米 12 只，后几周每平方米 10 只；笼养条件下，按笼底面积计算，每平方米 15～16 只。

4.2.3 光　照

只能减少不能增加，或者完全采用自然光照。

4.2.4 营养和饲喂

（1）营养需要（见"五华三黄鸡种鸡的营养需要量表"）。

（2）耗料及体重控制：育成鸡饲养过程必须严格限制饲喂，控制体重。每两周抽样 1/10 称重一次，根据不同鸡种的周龄体重及耗料量的差异调整喂量。

4.2.5 整齐度和分群管理

每次称重时应按大中小分群管理，同时淘汰过分弱小的鸡和残次鸡，以保证鸡群整齐度。鸡群整齐度即群体中体重在平均重 ±10% 范围内的鸡只所占的百分比。整齐度 69% 以下为不合格，70～75% 为合格，76～85% 为良好，86% 以上为优秀。

4.2.6 水质要求

同育雏阶段。

4.2.7 育成阶段的管理

（1）改换饲料：要逐步过渡。
（2）转群前后：尽量缓解应激，并注意做好疾病预防工作。
（3）饲养密度、采食和饮水位置的调整：随日龄增大，要及时调整密度，并及时增加采食和饮水位置。
（4）加强运动，保证健壮的体质。

4.3 产蛋阶段的饲养管理（开产至淘汰）

4.3.1 鸡 舍

可笼养或平养。笼养有小笼、大笼两种。小笼每笼放母鸡 1 ~ 3 只，人工授精。大笼每笼放母鸡 22 ~ 33 只，公鸡 2 ~ 3 只，自然配种。

4.3.2 饲养密度

平养 6 只/平方米，笼养 8 只/平方米。

4.3.3 营养需要

见"五华三黄鸡种鸡的营养需要量表"。

4.3.4 耗料参数（克/只、日）

重型品种 130 ~ 170 克，中型品种 110 ~ 130 克，轻型品种 90 ~ 110 克。

4.3.5 水质要求

同育雏阶段。

4.3.6 温度要求

13℃ ~ 20℃ 为产蛋适温，13℃ ~ 16℃ 产蛋率较高，过高或过低都会产生应激反应，应设法升温或降温，广东高温季节较长，种鸡管理应注意防暑降温，可采用纵向机械通风、阴棚、湿帘、冷水喷淋等。鸡舍应坐北向南，避免西晒。

4.3.7 光 照

只能增加不能减少，但不超过 17 小时/天。从开产起，每周增加人工光照半小时，直至每天达 16~17 小时，即保持恒定。强度为 3W/平方米。

4.3.8 产蛋过程的管理

（1）保证鸡群所处环境的安静、稳定，避免惊群。

（2）保持相对稳定的定量、定餐、定时饲喂和光照时间、强度及饲养密度等。

（3）搞好环境卫生，每周带鸡消毒 1 次。

（4）根据不同季节特点做好相应的管理。

4.4 种公鸡的饲养管理

在实行人工授精的情况下，种公鸡是单独饲养的，管理要求与母鸡不完全相同。

4.4.1 鸡 笼

采用种公鸡专用鸡笼，有小笼、大笼两种，小笼每笼放公鸡 1~2 只，大笼每笼放公鸡 3~4 只。

4.4.2 营养需要

种公鸡要求粗蛋白水平为 12%~14%，钙水平为 2%~3%，维生素 E 水平为 20~25mg/kg。除此以外，其他营养指标可参照"五华三黄鸡种鸡的营养需要量表"。

4.4.3 耗料参数

在产蛋鸡基础上提高 10%~20%。

4.4.4 水质、温度、光照、日常管理

和产蛋鸡要求同。

5 卫生保健要求

5.1 日常卫生保健

（1）应避免外来人员和车辆进入生产区。

（2）凡进入生产区的饲养员、工作人员必须更衣，工作保持清洁，换鞋，水鞋泡到消毒液内，用酒精棉擦手或用 0.02% 新洁尔灭溶液洗手，进入核心群种鸡舍还应洗澡，消毒池内的消毒液每天更换一次，尽量避免日光直射。

（3）每栋鸡舍应做到人员固定，用具固定，严禁串栏。

（4）及时清除鸡粪，更换垫料，保持舍内环境及用具清洁，每周进行 1~2 次环境消毒和带鸡消毒。

（5）加强饲养管理，提高鸡群的抵抗力和健康水平。特别注意饲料、饮水、垫料的卫生和质量。给鸡群提供适宜的温度、湿度、通风等环境。

（6）每天必须仔细观察鸡群的健康状况，发现问题及时采取控制措施。

（7）死鸡和鸡粪必须进行无害化处理，死鸡可采用深埋、焚烧等方法处理，鸡粪多采用堆积发酵法处理。

（8）污水须经无害处理才能排放，不能造成环境污染。

（9）采用全进全出制的饲养制度。

5.2 常见病的预防

（1）鸡白痢病：1~14 日龄用鸡白痢敏感药物进行预防。最好使用微生物制剂。种鸡开产前和高峰期过后应进行检疫，将阳性鸡淘汰。祖代鸡场白痢阳性率应控制在 0.5% 以下，父母代鸡场应控制在 1% 以下。

（2）大肠杆菌病：除采取和应对鸡白痢相同的保健措施以外，还要特别注意水质卫生。流行严重的鸡场可制作自家菌苗免疫接种。

（3）球虫病：从 15 日龄至 35 日龄，可交替使用各种抗球虫药预防，连用 3~5 天停 1~2 天为一疗程，如 0.012 5% 球痢灵或 0.05% 克球粉或 0.05% 氨丙林拌料，0.05% 三字球虫粉或抗球王饮水等，也可用球虫苗免疫，有条件的最好采取不接触粪便的饲养方式。管理过程尽量避免潮湿、空气污浊、拥挤等应激因素。

（4）支原体病：平时必须加强卫生管理，尽量避免密度过大、地面潮湿、空气污浊、温度过高或过低、惊群等应激因素。流行地区应进行疫苗接种。种鸡应实行检疫，淘汰阳性鸡。

（5）其他常见的细菌性疾病：如禽霍乱、传染性鼻炎等，在发病的初期应及早确诊，及早治疗，将疾病扑灭于萌芽状态，不使其形成慢性流行、危害严重或长期慢性流行，应扑杀带菌鸡或阳性鸡，并使用相应的疫苗。

（6）病毒性传染病：主要靠严格的隔离、消毒措施和接种疫苗来防治，各地鸡场应根据当地各种病毒性传染病的流行特点和规律制定自己的免疫程序，省级种鸡场必须设置实验室并配备相应的仪器设备和技术人员，对主要病毒性传染病进行抗体监测及疾病的诊断工作，以确定最佳的免疫程序及对常见疾病的诊断，以下是广东常见的病毒性传染及疫苗大致接种时间与方法，仅供参考。

广东常见的病毒性传染及疫苗大致接种时间与方法

疫苗名称	接种时间	接种方法	备注
马立克氏疫苗	1 日龄	颈部皮下注射	
新城疫弱毒苗	7～10 日龄	滴眼滴鼻	
痘苗	7～10 日龄	翅皮下刺种	
法氏囊苗	15～18 日龄	滴口或饮水	
传支 H120 苗	14～21 日龄	饮水	
新城疫弱毒苗	25～30 日龄	滴鼻滴眼	
法氏囊苗	25～30 日龄	饮水	
新城疫 I 系苗	45～50 日龄	肌注	
传支 H52 苗	70 日龄	饮水	
新城疫油乳灭活苗	18～20 周龄	肌注	
减蛋综合征油乳灭活苗	18～20 周龄	肌注	
法氏囊油乳灭活苗	18～20 周龄	肌注	
传支油乳灭活苗	18～20 周龄	肌注	

注：对已确诊为喉气管炎的发病鸡群，应考虑喉气管炎疫苗的接种。

（7）按照农业部 1999 年 1 号文要求开展对禽流感、新城疫、传染性法氏囊病、白血病、鸡白痢进行疫病监测。

附：

五华三黄鸡种鸡的营养需要量表

营养指标	0～6 周龄	7～18 周龄	19～24 周龄	产蛋期
代谢能（兆焦/千克）	11.91	10.66～10.87	12.28	10.87
粗蛋白（%）	19	15～16	19	17
蛋白能量比（克/兆焦）	0.74	0.56	0.70	0.70
赖氨酸能量比（克/兆焦）	16.50	12.82	13.91	13.91

（续上表）

营养指标	0~6周龄	7~18周龄	19~24周龄	产蛋期
赖氨酸（%）	0.80	0.50	0.60	0.50
蛋氨酸（%）	0.32	0.25	0.30	0.25
苏氨酸（%）	0.58	0.52	0.55	0.56
钙（%）	0.80	0.60	3.20	3.00
总磷（%）	0.60	0.50	0.60	0.60
钠（%）	0.35	0.35	0.35	0.35
锰（毫克/千克）	72	72	90	90
锌（毫克/千克）	54	54	72	72
铁（毫克/千克）	54	54	72	72
碘（毫克/千克）	0.60	0.60	0.90	0.90
铜（毫克/千克）	5.40	5.40	7.00	7.00
硒（毫克/千克）	0.15	0.15	0.15	0.15
维生素A（国际单位/千克）	7 200	5 400	7 200	10 800
维生素D（国际单位/千克）	1 440	1 018	1 620	2 160
维生素B_{12}（毫克/千克）	0.009	0.005	0.007	0.010
烟酸（毫克/千克）	27	18	18	32
泛酸钙（毫克/千克）	11	9	9	11
叶酸（毫克/千克）	0.90	0.45	0.45	1.08
生物素（毫克/千克）	0.14	0.09	0.09	0.18
胆碱（毫克/千克）	1 170	810	450	450
维生素K（毫克/千克）	1.40	1.40	1.40	1.40
维生素E（毫克/千克）	18	9	9	27

（执笔人：钟 鸣 钟福生 翁苗先 陈洁波 李威娜）

五华三黄鸡健康生态养殖技术规范

1 范　围

本标准适用于专业饲养五华三黄鸡的养鸡场。内容包括种鸡的育雏、育成、产蛋阶段的饲养管理，商品代雏鸡、育成鸡的饲养管理。

2 规范性引用文件

本技术规范引用以下标准。

凡是注日期的引用文件，其日期后所有的修改（不包括勘误的内容）或修订版均不适用于本标准，然而，建议根据本标准达成协议的各方研究可使用这些文件的最新版本。凡是不注日期的引用文件，其最新版本适用于本标准。

GB 13078—1991 饲料卫生标准

GB 3095—1996 环境空气质量标准

NY/T 388—1999 畜禽场环境质量标准

NY 5027 无公害食品　畜禽饮用水水质

GB 574985 畜禽加工用水标准

GB 16548 畜禽病害肉尸及其产品无害化处理规程

GB 16549 畜禽产地检疫规范

GB 18406.3 农产品安全质量　无公害畜禽肉安全要求

GB/T 18407.3—2001 农产品安全质量　无公害畜禽肉产地环境要求

GB 18596 畜禽养殖业污染物排放标准

HJ/T 81—2001 畜禽养殖业污染防治技术规范

NY/T 5038—2001 无公害食品　肉鸡饲养管理准则

3　种鸡的饲养管理

3.1　种母鸡的饲养管理

3.1.1　各阶段的饲养管理方法

（1）1～2周龄：用雏鸡饲料，自由采食。

（2）3～4周龄：用雏鸡饲料，适当控制饲喂量。

（3）5～7周龄：按体重、强弱分群；改雏鸡料为生长期饲料；选择合适的控饲方法。

（4）8～15周龄：用生长期饲料，控制生长速度，使体重按标准体重的下限上升。

（5）16～20周龄：用生长期饲料，适当增加饲喂量，使20周龄时体重达到标准体重的上限。

（6）19～22周龄：开始增加光照。从产第一枚蛋起改用种鸡饲料，体重未达标的，适当增加饲喂量。

（7）23～40周龄：根据生长发育情况和整齐度，确定产蛋高峰前的饲料增加时间和数量。当产蛋率达到40%～60%时，饲料增加到全程最高。

（8）41～62周龄：产蛋率下降40%的，减少饲料0.6克/羽，每周减料不多于2～3克。

3.1.2　种母鸡控制饲养方法

（1）限时法：通过控制种鸡的采食时间来控制其采食量。

（2）控质法：控制饲料的营养水平，采用低蛋白质或同时降低能量、蛋白质和赖氨酸的含量。

（3）控量法：规定鸡群每天、每周或某个阶段的饲料用量，按量饲喂。

3.1.3　控制饲养注意事项

（1）有足够的食槽、饮水器和适宜的鸡舍面积，使每羽鸡都有机会均等采食、饮水和活动。

（2）根据实际情况并结合饲养标准，制定饲喂量。主要是控制摄取的能量，要满足其对维生素、常量元素和微量元素的需要。

（3）控制饲养易引起过量饮水，容易弄湿垫料，要控制饮水。在喂料开始到采食完毕后 2 小时内给水，停料日上、下午各给 2 小时饮水。炎热季节不限制饮水，加强通风，及时更换垫料。

（4）控制饲养易引起饥饿应激，诱发恶癖，应对母鸡进行断喙。

（5）密切注意鸡群健康状况，患病、接种疫苗、转群时，酌量增加饲料或临时恢复自由采食，增喂抗应激的维生素 C 和维生素 E 等。

（6）平养的育成鸡按每百羽每周投放中等料度沙砾 300 克作垫料，停饲日停止喂给沙砾。

3.2　种母鸡的营养需要（如表 1 所示）

表 1　种母鸡的营养需要

成分	雏鸡 0 ~ 42 日龄	育成鸡 43 ~ 150 日龄	产蛋率 > 60%	产蛋率 < 60%
代谢能（MJ/kg）	11.91	10.66 ~ 10.87	12.28	10.87
粗蛋白（%）	19	15 ~ 16	19	17
蛋白能量（g/MJ）	16	13	16	14
钙（%）	0.80	0.60	3.20	3.00
总磷（%）	0.60	0.50	0.60	0.60
有效磷（%）	0.50	0.40	0.50	0.50
食盐（%）	0.35	0.35	0.35	0.35
蛋氨酸（%）	0.32	0.25	0.30	0.25
赖氨酸（%）	0.80	0.50	0.60	0.50

3.3　种母鸡的体重控制

3.3.1　种鸡群的理想体重

（1）鸡群的平均体重与标准体重相符合，全群总数 75% 以上的个体体重处在标准体重 ±10% 的范围内。

（2）各周龄增重速度均衡，无特定传染疾病。

3.3.2　控制体重与喂料量的调整

从 4 周龄至产蛋高峰期，每周同一天空腹称量鸡群 5% 的鸡只体重，平均体重超过当周标准时，下一周不增加喂料量（维持上周总量或减少下周要增加的部分）；平均体重低于当周标准时，下周适当增加喂料量，使鸡群生长发育均衡。

3.3.3　种母鸡的标准体重（如表 2 所示）

表 2　种母鸡的标准体重

单位：克

周龄	体重	周龄	体重
0	21.54 ± 3.97	9	286.57 ± 81.04
1	35.32 ± 7.84	12	488.03 ± 111.32
2	56.01 ± 13.52	17	776.50 ± 123.32
3	81.38 ± 42.60	21	946.00 ± 91.68
6	203.57 ± 70.37	30	1 122.50 ± 269.99

3.4　种母鸡生产性能指标

（1）开产日龄计算方法：全群鸡产蛋率达到 50% 时的天数，平均值为 138 ± 16 天。

（2）产蛋量：母鸡饲养到 62 周龄淘汰，平均产蛋量为 136 ± 19 枚。

（3）蛋重：鸡群平均蛋重从 300 日龄开始计算，平均值为 41.5 ± 7 克。

3.5　光照管理

3.5.1　光照管理方式

（1）1 ~ 3 日龄的雏鸡采用 24 小时光照，4 ~ 7 日龄采用 14 小时光照。

（2）从 2 周龄开始，每周递减 20 分钟，到 18 周龄时光照恒定为 8 小时。

（3）从 19 周龄开始至产蛋高峰期前 1 周，每周增加人工光照时间 0.5 ~ 1 小时，使产蛋高峰期光照达到 14 ~ 16 小时。

3.5.2　光照管理注意事项

光照管理制度从雏鸡开始，最迟不超过 7 周龄。补充光照的电源应稳定，应有备用应急措施。每周定时擦净灯泡及灯罩，更换坏灯泡，保持光照强度恒定。

3.6 种母鸡的日常管理

3.6.1 生活空间和饲具

笼养种鸡的生活空间和饲具，按鸡笼的规格确定。平养和散养的母鸡，生活空间和饲具的要求如表3所示。

表3 平养和散养母鸡的生活空间和饲具要求

材料或器具	1~8周龄	9~22周龄	23~64周龄
垫草（羽/平方米）	15~20	5~8	4~5.6
1/3垫草、2/3板条（羽/平方米）	6~9	5~7	
食槽（厘米/羽）	5	8	10
饲料盘（羽/个）		100（10日龄前）	
口径30~50料桶（羽/个）	30~35	12	12
水槽（厘米/羽）	2.5	2.5	2.5
圆水桶（羽/个）	50	50	50
产蛋箱（羽/个）	—	—	4

3.6.2 断 喙

7~10日龄进行，断去上喙1/2，下喙1/3。

3.6.3 日常记录

记录产蛋重、体重、饲料消耗量、发病情况、死鸡情况、剖检记录、用药记录，计算产蛋率。

3.7 种公鸡的饲养管理

3.7.1 育成方式与条件

种公鸡自育成阶段开始应与母鸡分群饲养，育成期间保证有适当的运动场地，饲养密度应比同龄母鸡少 30% ~40%。

3.7.2 体重控制与控制饲养

（1）8 周龄以前，饲料中蛋白质含量应在 18% 以上。

（2）自 9 周龄开始到种用结束为止，饲料中蛋白质含量应保持在 10% ~ 12%，能量在 11.3 ~11.7MJ/kg。

（3）必须注意氨基酸的平衡，微量元素按种母鸡推荐标准的 125% 添加，脂溶性维生素、B 族维生素按 200% 添加。

3.7.3 光照控制

1 ~5 日龄采用 24 小时连续光照，6 ~42 日龄采用递减式光照，减少至 42 日龄时保持在 11 小时左右，42 日龄至进入配种阶段，采用与母鸡相同的光照进行管理。

4 商品代雏鸡的饲养管理

4.1 育雏舍及用具的消毒

育雏舍及用具消毒流程如下：垫料→育雏舍地面清扫→2% NaOH 溶液喷洒→冲洗→消毒剂喷洒→熏蒸→进雏用具设备清洗→消毒剂浸泡、喷洒。

4.2 应具备的基本条件

育雏期（0 ~4 周龄）应具备的基本条件，如表 4 所示。

表 4　育雏期（0 ~4 周龄）应具备的基本条件

项目	具体要求
饲养密度	每平方米饲养 50 ~25 羽
喂料器	每 40 羽用一只 5 千克的料桶，每 100 羽用一只开料盘，每 60 羽用一米食槽。
饮水器	每 100 羽用一只 4.5 升饮水器
保温器	每 500 羽用一台保姆伞或者每 1 000 羽用一台煤炉
喷雾器	每栋鸡舍 1 ~2 台

4.3 雏鸡的饲养管理

4.3.1 饮水与开食

雏鸡接到育雏舍后，先让其在运输盘（笼）中休息30分钟，再放出自由饮水2~3小时，然后把雏鸡料撒在开食盘上，自由采食。

4.3.2 保温与脱温

育雏舍在进雏前24小时开始加热升温，具体保温温度参考表5。保温温度是否适宜，主要看雏鸡的表现。温度适宜时，雏鸡精神活泼，采食积极，均匀分布在热源的四周，舒展四肢，头颈伸直，贴伏于地面熟睡，无奇异状态和不安的叫声，鸡舍极其安静。低温时，雏鸡打堆，靠近热源，不愿出来采食，发出"叽叽"的叫声。高温时，雏鸡远离热源，张口呼吸，大量饮水，采食量减少。

表5 育雏阶段适宜保温温度

单位：℃

日龄	热源	
	边缘温度	育雏舍温度
1~3	35	30~29
4~5	34	30~29
6~7	33	28~26
8~9	32	28~26
10~11	31	26~25
12~13	30	25~24
14~15	29	25~24
16~17	28	24~22
18~20	27	24~22
21~23	26	22
24~26	25	22
27~30	23	—

4.3.3 适宜通风量

育雏舍适宜通风量，见表6。

表6 育雏舍适宜通风量

单位：立方米/羽·分钟

温度	通风量			
周龄	2	4	6	8
15℃	0.010	0.03	0.05	0.08
20℃	0.011	0.03	0.06	0.09
25℃	0.013	0.04	0.07	0.10
30℃	0.015	0.04	0.08	0.12
35℃	0.020	0.05	0.08	0.12

注：通风换气的程度以人进入鸡舍无闷气感觉和不刺眼、鼻为宜。

4.3.4 适宜湿度

育雏舍适宜湿度见表7。

表7 育雏舍适宜湿度

周龄	相对湿度（%）
1~2 周龄	70~75
3 周龄以上	60

4.3.5 光照时间和强度

适宜的光照时间和强度见表8。

表8 适宜的光照时间和强度

日龄	光照时间（小时）	光照强度（勒克斯）
1~2 日龄	24	20
3~8 日龄	23	10~15
8 日龄以后	18（1 小时黑暗，3 小时光照，循环进行）	5

4.3.6 密度

适宜的育雏密度见表9。

表9 适宜的育雏密度

日龄	密度	
	地面平养（羽/平方米）	立体笼养（羽/立方米）
1～14	50～40	60～50
15～21	35～30	45～35
22～42	25～20	30～25

4.3.7 体重及耗料

体重及耗料见表10。

表10 体重及耗料

周龄	周末体重（克）	每周耗料量（克/羽）	累计耗料量（克/羽）	耗料增重比
初生	23.53（21.54±3.97）			
1	43	42	42	0.67：1
2	69	84	126	1.00：1
3	123	133	259	1.34：1
4	181	182	441	1.76：1
5	233	252	693	2.21：1
6	273	301	994	2.42：1
7	306	336	1 330	2.63：1
8	603	371	1 701	2.82：1
9	386	399	2 100	3.06：1
10	480	420	2 520	3.27：1
11	593	434	2 954	3.46：1
12	618	455	3 409	3.56：1
13	735	497	3 906	3.67：1
14	864	511	4 417	3.78：1
15	975	525	4 942	3.88：1

4.3.8　环境卫生与防疫

在每栋鸡舍的入口处设消毒池；每日清洗饲喂用具并定期消毒；消除鸡舍周围杂草及与养鸡无关的物品，平整场地，堵塞鼠洞，防止积水滋生蚊、蝇，预防鼠害、鸟害、兽害；严禁无关人员进入鸡舍。

4.3.9　雏鸡的免疫程序

不同区域、不同季节、不同用途的鸡群，其雏鸡的免疫程序不一样，推荐的一般免疫程序见表11。

表 11　雏鸡的一般免疫程序

日龄	接种疫苗名称	用量（羽份）	用法	备注
1	马立克氏疫苗	1~2	颈部皮下注射	
6~7	鸡新城疫Ⅳ系苗	2	滴鼻或滴眼	
8~9	传支 H120	1.5	滴眼	
14~15	法氏囊中毒苗	1.2	饮水	每10L 水加脱脂奶粉 50g，1 小时内饮完
18	支原体油苗	0.5mL	颈部下注射	
25	鸡痘苗	1	翅膜接种	
27~28	鸡传染性喉气管炎疫苗	1~1.5	滴眼或擦肛	擦肛反应小，滴眼常引起眼睑肿胀，影响采食
30	传支 H52	2	滴眼	
35	鸡新城疫Ⅰ系苗	1.5	肌肉注射	

5 育肥期的饲养管理

5.1 育肥期的基本条件

平养育肥的基本条件见表12。

表12 平养育肥的基本条件

项目	具体要求
饲养密度	每平方米饲养 10~15 羽
喂料器	每70 羽用一只 10 千克供料桶或每 40 羽用一米食槽
饮水器	每130 羽用一只容量 8 升的饮水器
喷雾器	每栋鸡舍 1~2 台

5.2 育肥期的营养需要

根据三黄鸡不同生长发育阶段的营养需要，调整相应育肥期的饲料配方。各阶段的营养需要（推荐量）见表13。

表13 各阶段的营养需要

项目	代谢能（MJ/kg）	粗蛋白（%）	蛋白能量比（g/MJ）
0~5 周龄	11.91	19	0.74
6~8 周龄	11.13	15	0.60
9~11 周龄	11.13	16	0.56
12 周龄至出栏	12.38	17	0.70

5.3 育肥期的饲养管理

5.3.1 健康观察

观察鸡群活动情况，如有无呆立一旁，翅膀是否下垂，有无喷嚏，呼吸声和粪便是否异常，有无啄肛、啄毛等恶癖的发生。计量每天的采食量有无减少或增加。

5.3.2　垫　料

防止垫料潮湿，注意适量的通风，饮水器的高度和水位要适宜，带鸡消毒不可喷雾过多或雾粒过大，经常翻晒、更换垫料。

5.3.3　带鸡消毒

春秋季节，每三天一次，夏季每天一次，冬季每周一次。

5.3.4　分　群

随着育肥鸡的日龄增长及时分群，调整饲养密度，中、后期饲养密度一般为 10~15 羽/平方米。按鸡的大、小、强、弱分群饲养。

5.3.5　高温季节的特殊管理

（1）采取切实可行的降温措施，增大通风量。

（2）在清晨或傍晚喂料，提高采食量。

（3）调整饲料配方，供给高质量的新鲜饲料。

（4）降低饲养密度，供给充足的清凉饮水，在饮水中添加无机盐及维生素。

（5）保持环境安静，不要惊扰鸡群，防止应激发生。

（执笔人：钟福生　钟　鸣　翁苗先　陈洁波　李威娜）